設計不用管
我們講道理

感謝三十年來每位歐普人的配合演出，

才有今天這紀實的劇本與各位分享！

站直。 別趴下。

1978 年我丟下「設計管理」這堂課和畢業製作，離開紐約。

話說雖然當年主修視覺傳達，但 PRATT 是美國少數開設計管理課程的前沿學府，規定設計研究所的學生，不分專業一概得修。那個年代設計管理的思維，著重在流程管理、溝通管理和品牌形象管理，內容較偏重設計實務面。

回臺北後，我時常到曾經服務過的廣告公司串門子，偶爾提供一些不負責任的意見。當年那家公司為了日漸增加的產品包裝業務，替設計企劃部門增加了專職包裝設計的人才，幾個年輕的小朋友每天忙著割卡紙做盒子，忙得不亦樂乎。炳南兄正是其中一員，因著這層關係，我們從此有所交流。幾年後炳南離巢自立門戶，以設計服務為志業，全心投入，開始了前所未有的探索人生；如果將我這個年代的人除外，他可以說是臺灣第一代獨立設計內容產業的開創者，對於前方將面臨怎麼樣的狀況，可說是全然未知，毫無先例可循。

　　後來又過了幾年，在固定的期間，我經常收到炳南寄來由他們公司印刷精美的「歐普內部檔案」，將他們成功的案例，甚至發想過程的 know-how 都不吝公布出來，與同道朋友們無私的分享。不曉得他是「呷好道相報」還是有什麼其他想競選公職的企圖，為此培養感情拉點關係？前幾年他在頻繁進出兩岸機場的同時，完成了師大研究所的課程。誰料，他這兩岸行走，竟添了一項為人師表的兼職，傾囊而授頗獲年輕學子的掌聲。

　　臺灣的視覺設計界，雖說代有才人出，但多少都還保留著「有口若啞，有耳若聾」的優良傳統美德。做為衣食父母的客戶，我們得罪不起；對於經常拋出標案餵養的公部門，我們更是招架不住，可炳南兄竟也管不了那麼多，拉拉雜雜言必及論地把他公司存活下來的人生記事，全都輯錄成書，付梓於市。

　　我相信他的目的絕不像政治人物那樣，自誇政績以彰顯赫。大約只單純的想把他走過的足跡，在沙痕將被歲月抹平之前，留給我們一瞥，讓後行者有前車之鑑可循。

縱然現在政府把「文化創意」敲得喧天價響，但你我早都明白設計才是文創產業的核心。設計這行業創造的「無形」價值，是無法利用量化方式去評估計算的，不過客戶在獲利的當下，也都心裡有數，冷暖自知。

近年歐盟一些社會發展相對比較先進的國家，已經把「設計管理」這門學問提升到國家的高度，專注在國家創新政策的目標制訂與發展，為日趨扁平化的社會，設法找到下一個出口；反觀我們賴以生存的小島，我無言以對，只能要求小工

站直。別趴下。

視覺設計的先行者　王行恭

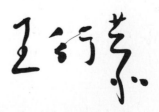

誰鳥你！誰管理？

愚人節，只有「歐普王炳南出書」是真的！！

4 月 1 日，王炳南既不愚人，也不騙人──

設計人誰管你？設計總監誰管你？設計公司老闆誰管你？抑或者說──「誰鳥你？」、「誰管理？」

到底設計該不該「管」，我想至少有兩件事王炳南是很確定的：
「因為通常客戶不講道理，所以我們必須講道理。」
「因為政府政策不懂道理，所以我們只好講道理。」
聽起來有點無奈，也有點矛盾。不過這不是沒道理，這是炳南超過三十年從業來的硬道理！

看著炳南一路走來，同為廣告人與設計人、經營人的自己，實則感同身受。炳南早期待過國華廣告統一專戶部，自創業時曾以台視公司 CI 新設計發表一戰成名。

一不留神，公司成立 25 年了，頭髮也染白了！

設計人成長的典型宿命，就像炳南從菜鳥時期一路學飛行，等翅膀硬了，就自己築巢。從 CI 設計到郵票、海報等平面設計，進而朝包裝、產品、材料結構、品牌資訊等發展。巢愈築愈大，自己也跟著長大，完成師大碩士的再學習，同時在中原、輔大、臺藝大等校指導小小菜鳥未來該怎麼飛？這些設計成長的宿命，是好命？還是歹命？我想只有當事者炳南自己知道。

小老弟，你累不累呀？

如果你這樣問他，他給的答案一定是：「滿朝文武百官，每天就靠我這一對翅膀，這張利嘴，一天不飛，就一天沒蟲吃。」

「在過去，可以用『愛』去包容、解決問題，現在的設計環境，設計人任誰都不得不用『管理』，可是又發現似乎『講理』，比『管理』更有效，於是⋯⋯」

　　好了，別把自己飛到掉毛。佩服你，因為你把珍貴的飛行寶典無私無藏，公開分享。這是連中央研究院也學不到的 know-how；忌妒你，因為你出書的決心比我強。（就如設計界的林教父與程教母永遠對我的虧──出書性無能。）

　　恭喜炳南，下一本何時出版？

BBDO 黃禾國際廣告公司
營運董事　何清輝

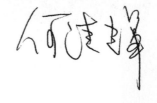

炳清兄造像

2009 0613 成均绘

從設計公司
⋯到設計公開

伴隨著政府大力推動「文化創意產業」政策，近年來「設計」躍升為臺灣社會的顯學，不僅各個院校紛紛成立設計系所，成為考生報考的熱門志願；就連上架不易的便利商店書報架上，也可以看到許多設計類型的相關雜誌；甚至像《天下》、《遠見》、《商業週刊》等財經雜誌，也都常常以設計作為封面故事。由此得以窺見「設計」在臺灣社會的重要性與影響力。

若以此觀點回顧臺灣早期投入設計實務或是成立設計公司者，可謂都是具有過人的膽識與前瞻的眼光，才能不計成本、投注心力去耕耘開墾一片荒蕪田地，其中不乏有不少先趨者扮演引領台灣設計的走向；當然在臺灣設計發展的歷程中，有人經營得當而名利雙收；但是被大浪淘沙而退出舞臺也大有人在。

因此，如何能夠讓「設計」兼具市場需求與顧客意見又能保有原創精神；在滿足客層目標與功能導向又能呈現藝術風格與美學品

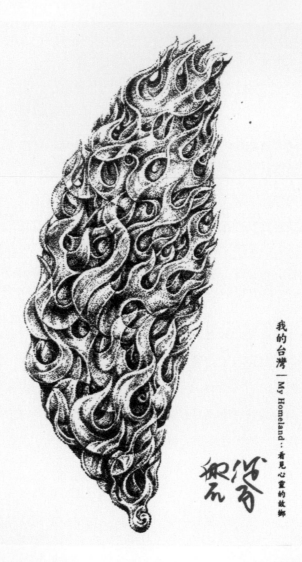

我的台灣 | My Homeland⋯看見心靈的故鄉

味；為了解決上述的問題就需要具有豐富的設計實務工作者，願意將「公司」的 know-how 加以「公開」，毫不藏私地將設計公司經營管理、解決方案、創意發想、提案技巧等加以公開，讓後學者能夠有所認識、學習、啟發，以避免重蹈覆轍浪費資源，這樣才能不斷提高整個設計生態的質量與水平。

歐普設計公司是臺灣商業設計公司成立多年又卓然有成的專業實務型公司，負責人王炳南先生長期致力推廣設計新知更樂予他人分享，他積極穿梭在兩岸設計實務、教學研究、團體交流等熱誠助人而頗受好評；本次將其工作多年的心得編輯出版《設計管理隨行手札》，就是將「設計公司」轉為「設計公開」的最佳成果與案例典範，本人樂於撰序祝賀，更樂見未來有更多「設計公開」的成果問世。

亞洲大學及廈門大學講座教授
台灣文化創意產業聯盟協會理事長　林磐聳

設計不囉嗦

討論得沸沸揚揚的臺灣經濟、定位問題，很多人說是產業發展受到限制，也有人說是人才培育方法出了問題，還有人說是政府政策制定的問題…太多問題的糾結，讓人難以化繁為簡找到解決之道。何不妨就從自身做起！臺灣太多批評的聲音，在檯面上只有批判，但很多人其實很有創意會執行，而且不囉嗦。

與炳南兄在廣達文教基金會的年曆設計上結識，設計互動的過程中，有創意會執行，而且不囉嗦。

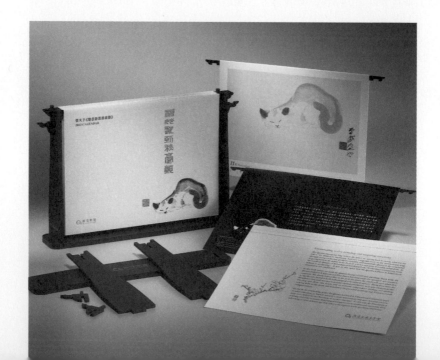

臺灣要跟世界比賽，創意是最好的出路，設計更是集創意之大成。在小確幸盛行的時代，微型企業可能是新一代極易出頭天的選擇。很高興看到炳南兄在設計業中以實務經驗為基底，將管理公司與設計結合，讓公司中日常處理的工作真槍實彈的分享給大家，沒有艱深的理論，只有真實的問題和解決方案。尤其書中開宗明義點出：「你我都身處在設計大業中」，更把設計談入了生活中；設計可以是專業的事，也可以是人人都具備的鑑賞力！

而設計不用管，講道理，講管理設計的人忽略的道理，給呈現創意的新鮮人一個實在、明確的創業指引！

財團法人廣達文教基金會
執行長 徐繪珈

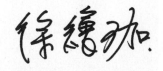

17

設計已融入你我生活

厚實的書本握在手中，沉甸甸的極具分量，橘色精裝封皮，醒目白色字體，帶出了強而有力的書名 -「設計不用管，我們講道理」。這本書用淺顯易懂的文字，述說著創意設計管理之道。

談到設計，歐普無私分享許多過往寶貴的經驗和洞見，順著歐普一路走來的軌跡，清晰可見台灣設計產業發展脈絡和推動歷程，台灣設計產業從早期的設計萌芽期，進入設計紮根期，接著來到設計扶植期，進而躍升至國際拓展期，這一路上歐普都伴隨在旁。

　　眾所周知，「設計」是一種專業性服務。在21世紀設計產業中，世界知名設計顧問公司 IDEO 執行長 Tim Brown 指出，設計師專業的職能樣態已經起了很大的變化，未來設計師不僅要會寫程式，更要能創新創業或甚至創造出新的商業模式。如今，台灣設計產業正處在關鍵轉型的階段，「設計」在未來企業創新上仍將會扮演著相當重要的角色。最令人感動的是，歐普對設計價值的堅持充分展現在每一個產品或服務細節上。

　　一甲子是60年，歐普歷經了半甲子的歲月仍然屹立不搖，就設計公司而言誠屬難得。隨著時代不斷進步，設計已融入你我生活、社會和文化中。夜幕低垂，不知不覺地讀完此書，闔上書本，內心湧現許多感觸。祝福　歐普順利且成功地邁進另一個半甲子，持續寫下一段台灣設計史！

台灣創意設計中心
執行長　宋同正

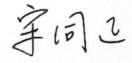

少即是多　即是少

少即是多，多即是少，有似無

無若盲，終的開始，以終開始

陰吸入陽，陽覆蓋陰，分是合的

開始，合是分的結束……

遇遭事物常常都在二即一的意念

中形成，分解再形成，再分解

循環一直在重演，無論是內化

還是昇華，世間萬物都育其一則

清晰的法則存在於天地之間從

生到死，從有到無，人的智慧能

看到多少，並又能承受多少

Asian Bo-Mos 200

少即是多

即是少

為理念而同行

有心創業的人不會不愛自己的公司，面對所創立的公司日漸成長，管理層面也逐漸出現一些挑戰，一些用「愛」無法解決的問題，當初的愛，此時只能拿來療傷用，對於管理則是一點兒也沒有幫助。努力看了各企業的成功傳記、各類的管理書籍，大多數對於微型創業者而言，都只是目標、願景及理想，高攀不了，除非已是百大企業，不然免談。

我 1980 年高職畢業後的第一份工作是大型的綜合廣告公司，從實習生開始做起，主要是設計執行，在綜合型的組織內，分為市場，媒體、業務及設計部門，廣告公司分工細，個人需專注將自己的工作做好。八年後，我自行創業，成立小型設計公司，轉戰現在甚夯的設計業，將業務及設計壓縮於一體，更專職於視覺設計。

自 1988 年創立了歐普設計，在這段不算長的時間笑看來來往往的設計人，員工所求的跟公司要的，從早期的為理念而同行，到現在為生活而打拼，一起奮鬥的同事也都在不停地轉變，身為公司的管理人，若不思轉變，行嗎？

　　這本設計管理手札是給剛踏入創意設計行業的新鮮人看的，我不是什麼管理大師，也無法讓你看完這本手札能馬上成為大公司，除了這個行業以外，我什麼都不懂，只想把歐普設計創業至今，怎麼走過來的點點滴滴記錄下來。為了迎接歐普二十五週年的到來，無意之間在自己公司的粉絲頁內，倒數每日撰寫一則歐普記實工作日記，三百多個日子來累積今天的此書出版，今年歐普三十而立，有幸此手札進入了第三版的發行，我在此繼續為各位分享歐普設計這五年的轉身經驗，沒有太多理論，只是不希望你多走不必要的彎路。以前我只能在一旁看著前輩的身影而爬行，現在資訊充斥，這些只是小菜一碟，請慢慢享用，就從你我忽略的小地方開始，讓我們一起用地毯式的摸索，來探索自己的公司。

設計不用管，我們講道理。

王炳南　於臺北歐普
2018/11/20

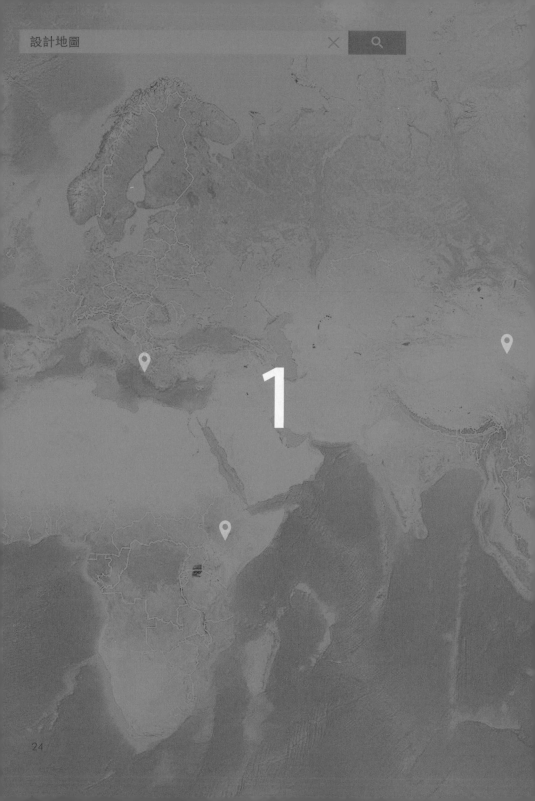

設計地圖

1

設計主題地圖

　　設計時代裡，沒有任何一個時期像現在發展得如此多元鼎盛，每年大學內不斷培養出大批人才，投入這個創意產業，似乎整個社會正欣欣向榮地在迎接這些創意新兵上戰場；然而殘酷的設計戰場上，最後誰能生存下來，憑藉的不是系出名校，或是身上掛滿獎章，更不是貴人相助好運氣。你我都身處在這設計時代的大業中，前有百戰的老兵，後有盲衝的新兵，你累了嗎？你怕了嗎？

　　在茫然的戰場上，除了驗證平日自身的基礎戰技訓練，你最需要的是一份戰略地圖，才能訂下自己生存的方針，清楚地運用各種戰術，以擊敗沙場老兵及輩出的新人。以下將介紹臺灣設計產業概況，讓我們能早一步做好準備。

你我都身處在設計大業中

　　企業的「企」字是「止」於「人」的涵意，在各行各業中都要用人來成就事業。然而「人」是一個很難規範的個體，尤其是「創作人」。也因此，目前設計界正流行著自由工作者的產業型態，臺灣的設計產業現況是否可以承載那麼多的創作者？值得大家深思。如能將開拓舞臺的工作交由公司組織來做，每位設計人專心用力在創作上，功成後大家一同上臺接受掌聲，如此的運作模式是否會讓臺灣的設計產業體質更健全呢？每個人專心「止」於自己的工作崗位，透過分工合作來達成目標，這是可以追求的。

設計人如何自處？

如果一間公司的希望只剩下「生存」，那還有什麼事情不敢做？這是臺灣設計公司的現狀。歐普創業的過程中，也曾面臨過生存的抉擇，我們重新整合縮編組織，選擇新股東的加入，並重新思考自己的服務價值，捨去一些非主流的設計服務，再彙整出多年來較有實際成果的專項，並專心投入，過程中我們不敢走偏路，因為我們很小，玩不起。

談談設計公司的延續問題。看看兩岸很多創意型公司，其經營模式大多以主事者為中心，長期以來，客戶或是外界對公司的印象只會存留在那位主事者的名聲上，表面上看來似乎是集中力量來形塑公司的知名度，然而隨時代新人不斷地竄出，公司的主事者在市場上的影響力未必穩若泰山，一旦時代變了，其影響力也變了，那公司自然也就隨之式微。

提到設計公司的經營現況，熱心的網友回應提出「共用資源平臺 ♀」的構想，記憶中以前有設計前輩們曾經試驗過，現在也有人正在磨合中，這個想法是值得等待其開花結果的，但除了等待其試驗成功，現在的設計師們應該還有許多值得嘗試的新方向。

　　有些產業需要持有專業證照方能執業，而設計產業中的創意法則，就是永遠沒有原則！證照是一個技職的基礎認定，但不代表能應付萬變的設計或創意的工作，這些證照可以幫助我們瞭解他們對軟硬體的熟悉度及個人求知的誠意，至少個人對自己的期許可以由這些認證看出，問題是在授證單位的專業度，是否為被同業所認定，至少設計業較不會以「證」來當錄取標準。

　　最後，新人輩出，不只是設計業，各個產業隨時都有新人出，如能影響或決定你的設計服務的人，正是企業行列中的新人，若是打著主事者的大師名牌，並不見得有效，最後看的還是實力。

◉ 「共用資源平臺」────────────

將一些與設計相關的工作者，如設計、影像工作、企劃文案、策略公關……等，集中在一起工作，善用彼此的專長，共同完成一個專案，而平時又可獨立完成自己的工作。因共同分擔硬體及空間成本，對於不需要大空間的創作者，是一個良善的構想。

叫好就叫座？

關於得獎─參賽得獎的稿子值得「叫好」，然而商業設計的稿子，客戶要求的是「叫座」，商業設計本來就是要能解決當下的問題，如果在累積一段時間後，進而參加賽事並得獎，那就是叫好又叫座，此類得獎之作才算真榮耀。

實際上，真正的商業設計作品很難得獎，因為出發點就是不一樣，得獎作品多為藝術形態，無法與商業作品結合。每到比賽時，廣告商就會行禮如儀地做一些會得獎的藝術形態作品，也就是所謂「手槍稿」（就是自慰的意思）。這種沒有銷售力的稿子去參賽，得了獎大家自爽一下，只有在頒獎典禮上相互道賀，對消費者而言一點兒也無所謂，什麼設計得了什麼大獎與消費者無關，他們要的是切身相關的消費權益。

輸贏本是常事，若只為了拿獎而去取巧，創作一些沒有商業價值的設計品，並無限膨脹得獎者，容易造成後進設計工作者不正確的設計價值觀，如此長期互動循環下來，對整個設計產業是不健康的發展。終究學界與業界追求的是不一樣的成果，學校是以教育知識為本，而職場是以知識為用，且學界在前、業界在後，這關係無

法切割，唯有大家正視臺灣設計的價值，才能平衡發展臺灣設計產業。

在《全球化背景下的中國平面設計》一書中，摘錄一場在2007年於深圳所辦的「中國平面設計國際學術論壇」，其中王粵飛先生提出：「把深圳所有平面設計師一年所產生的收益或是產值加起來，可能比不上廣州一個廣告公司全年的營業額。…深圳的設計師，甚至包括中國很多從事平面設計的優秀設計師，可能他們在許多平面設計的比賽中拿了無數的獎，在海外也取得很好的成就，但他們兩手空空，他們沒有為中國大的品牌企業做過全案跟踪，從這個角度來說，我覺得深圳平面設計這個群體是完全不值得一提的，評價過高了。」

▲常在宣傳反毒的活動上，看到此類型的海報。

▲此海報多次得到國際大獎，但委託單位未曾使用在宣傳反毒的工作上。

寫到這裡，就想到在臺灣的平面設計界，是否有類似的情況發生？

相信沒有設計人不希望能拿個大獎，以證實自己的實力（以前我也曾做過這樣的夢），最好作品能得獎、又能在市場上流通大賣（所謂叫好又叫座），然而自己常在叫好又叫座的慾望中擺渡，我也瞭解天下總是沒有那麼如意的事，往往得獎的設計絲毫沒有給企業帶來多大的市場利益，一次、兩次後終要去面對抉擇。自己心裡明白，一個平面設計師要生存下去，光靠得獎是行不通的，只能用心追求「商業設計的價值」才有可能立足於此產業中。

這時讓我想到 BBDO 廣告公司（前黃禾廣告）CEO 何清輝先生提過：「有機會就做創意，創意做不到就只好做生意」。有趣的是，那些得獎高手有時卻也看不起這些商業設計師，認為太銅臭了。不過，做創意也好、做生意也罷，都不是件簡單的事！

獎一下就好！ 2012 臺灣視覺設計獎，歐普領了三座獎，兩個包裝類及一個印刷設計類，這個榮耀是所有歐普人及我們客戶共同創造出的成果，並感謝設計朋友的支持。

　　參加設計競賽，只是我們創作之外的「餘興活動」，得獎與否無須太看重，單純抱持著與設計業界的朋友作交流，分享彼此的近況，更大的意義是讓公司的設計師們有機會看看外界，並從其中再挑戰自己。所以，得獎，高興一天就好了。

▲任何榮耀都是所有歐普人及我們客戶共同創造出的成果。

▶「品茶郵藏」榮獲2012臺灣視覺包裝設計獎。

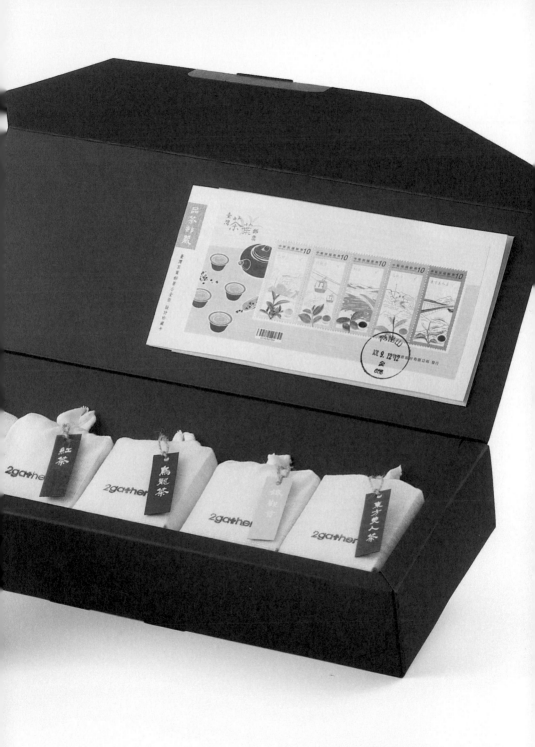

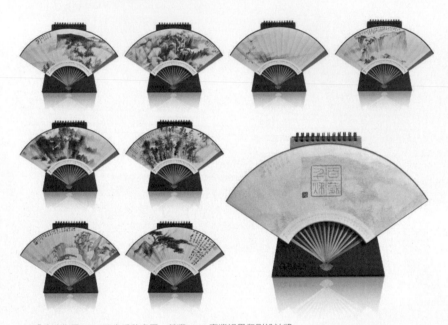

▲「廣達集團2012百歲千秋桌曆」榮獲2012臺灣視覺印刷設計獎。

▲「瑪朵洗護髮包裝系列」榮獲2012臺灣視覺包裝設計獎。

微型經營

每到跨年之夜，信義區總是擠進百萬人次，就是為了歡慶世界排名第九的 101 跨年煙火秀。在這個商業一級戰區內，臺灣有多少家廣告及設計公司在此提供創意服務？我想數量一定很可觀。就以臺北市忠孝東路沿線來說，不知就有多少廣告設計創意公司林立於巷弄之間，長期看來這些潛在的設計軟實力，是臺灣商業設計的基石，同學們畢業都想北上展志逐夢，為的就是最終能立足於一級戰區中，這就是商業帶動創意，創意帶動產業，產業提供設計，設計培養人力的良性循環。

雖說經營設計公司的主要目標就是獲利，然而目前在臺灣苦力生存下來的微型設計公司，已然不把重點放在獲利上，而是將精力放於如何求生存、轉型、轉業、轉投資、轉移陣地……不斷嘗試各種可能的生存方式。轉來轉去，轉得辛苦，轉得莫名其妙，轉到失去應變能力，雖暫時或可得到生存空間，但爾後要面對的生存問題將會更多。

在國外，設計公司的規模除了有大型的，也有歷史很悠久的，而且經營組織皆很嚴謹，這是臺灣少見的現象，近日聽到香港「靳

▲此「慶典煙火郵票」是歐普為中華郵政所企劃的一套郵票，它的發行象徵了臺灣的時代性。

▲在國家的重要時刻，我們有幸參與其中。

與劉」設計公司，已有第三代的經營團隊出現，這是臺灣設計公司經營者值得省思的一個課題，我們爭的是一時，而別人爭的是一世。

在臺灣的業界現況，設計產業約計 3,501 家 ♀ ，其中視覺平面業約計 8 家、包裝設計業約計 14 家、商業設計業約計 242 家、企業識別業約計 51 家、工業設計業約計 1,723 家，其他就是流行時尚及多媒體等。其中尚未包含未立案的個人型設計工作。而這 3,501 家中，就有三分之二在臺北，約計 2,103 家設計創意公司。此外，還有許多是企業內及公部門編制內的設計專員，以上就是全臺灣設計創意人才需求量的概況。

流行時尚的臺北，就是深具設計吸引力，歐普很慶幸能在忠孝東路的末段立足，此刻我們正準備進入信義區，朋友們一起來吧！

每年的新年之際，各家公司總是忙碌計劃來年的工作重點，在商業設計產業中，有幾個時段工作量是很大的，如春節前，接著是西洋情人節，再來是五六月的年報季、八九月的暑期檔、十月的百貨公司周年慶、國慶週，接連十一、十二月年底的月曆案及聖誕節等。

除了固定的應景設計案，在快速消費品 (Fast Moving Consumer Goods, FMCG) 的設計案上有食品展的檔期及夏天飲料業熱銷期，而在這些固定的工作外，還要滿足動不動就要「文創」的案子，再來就是對岸的商業設計案也很多元，尤其近年來網路行銷上的工作項目也是多到爆。

這麼看來，設計業似乎是欣欣向榮，但吃不吃得下，比吃不吃得到更重要。開餐廳的不怕人家吃，但開設計公司的就怕案子多，餐廳可以備料，吃完了生意也完了，但設計公司不能準備人力等著接案，一旦案子結束了，多餘的人力將會是公司的負擔，但若沒有人力，就只能眼看案子讓別人吃下。

唯有自己知道自己的極限在哪裡，歐普就是以公司的人力工作量來面對，一切以自己能提供的為優先，這是對客戶負責任的態度。日子天天過，節日年年有，這些年復一年的設計案能否也「年復一年」，每年端出什麼菜色，是否讓大家滿意？

資料來源
101 年度臺灣設計產業翱翔計畫，臺灣設計產業統計調查（經濟部）。

　　做不了創意，就改作生意，這是設計人的輓歌，設計人的天職就是做好創意，然而現在更悲慘的可能是這兩「意」都沒有，只剩下隨意，不是客戶無情意，是環境無生意，沒人有力去在乎創意，只求彼此做到生意，當然最後可以犧牲的就是創意。

　　這不是有趣的順口溜，而是道出現在臺灣設計產業的潛在問題，有預算可表現的大案子，通常都跑到國外去，有辦法的都去申請輔導補助案，有理念、有想法、什麼都有的公司就是沒有預算。

　　產業是如此，設計業也是，為了國際化去結合國外設計公司，為了生存去競逐政府輔導案的設計工作，這都是每家設計公司自己選擇的方法，沒有對錯好壞。

　　歐普選擇去接觸那些有理念、有想法的公司做為長期的合作伙伴，因為對某些客戶來說，他的成功不在於你的錦上添花；相反的，對某些客戶來說，你能助他成就大功，裡子面子都有了。

你我都身處在這設計時代的大業中，
前有百戰的老兵，後有盲衝的新兵，
你累了嗎？你怕了嗎？
我們接著看下去...

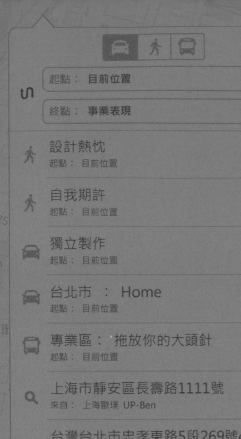

路線

起點： 目前位置

終點： 事業表現

設計熱忱
起點： 目前位置

自我期許
起點： 目前位置

獨立製作
起點： 目前位置

台北市 ： Home
起點： 目前位置

專業區： 拖放你的大頭針
起點： 目前位置

2

上海市靜安區長壽路1111號
來自： 上海歐璞 UP-Ben

台灣台北市忠孝東路5段269號4樓
來自： 歐普設計

登上下一個山丘

導航設定

　　任何時代裡都有人創業，也都會有人歇業，我們常聽說：把對的人放在對的地方，在對的時機作對的事，那請問：哪位是對的人？什麼又是對的時機？

　　很多事情總是在做了之後才會有答案，但這個答案滿意或不滿意，不是你我所能決定，也不是你我可以預期。很多成功的誌文中，大多結論在於「踏實與努力」，這就是要告訴我們「行動」的重要性，善念的行動有善的結果，專職的行動才會達到專業的結果，沒有僥倖，如有遠大的夢想，唯有動身起程，才能走到下一哩路。

歐普一哩路

　　某日特地繞回連雲街看看，這段寧靜的小巷弄，是歐普二十五年前起家的地方，就在這棟三樓，當時四個合夥股東都是低薪職員，為了集資八萬元的開辦費，各自標會籌募自己的兩萬元股金，就這樣開始了歐普的冒險之旅，我們走過臺灣設計發展之路，從手工稿到數位輸出，由臺灣到大陸，我們努力並用心生存及經營，二十五年來歐普改變了很多，但唯一沒變的是我們為臺灣設計打拼的心。

　　有一廣告公司在牆上寫著：「伸手摘星，雖摸不到，也不會滿手汙泥」。這話很是激勵。歐普搬遷了很多次，但總是離訊息潮流很近，因為搞創意的不能每天只有車站及公司的距離，更不能只有大螢幕及小螢幕的視窗，透過公司的大扇窗，可以檢視一下，我們離現在潮流的距離。

▲每當看著窗外，就更清楚我們的目標。

常聽說設計圈子很小，如果真是如此，在這個小圈圈內更應該團結，大家一起分享、一起打拼，如能將這個團體內的專業知識及技能集結起來，大家共同面對外部的競爭，我們提出好創作，客戶得到好服務，這將是一個向前的環境。有感於個人或單一公司力量微弱，為了上述理念，早在二十幾年前由「金家設計」、「頑石設計」及「歐普設計」三家公司共同出資成立「中華平面設計協會」，將三家公司內的員工集合教育訓練、出國交流、辦比賽、講座、出版及到各校去推廣設計理念，協會也立案成為社會團體，自主的發展至今也將設計圈子畫得更大。

因為我們三家公司起頭來做，當初只是單純為了各自公司內員工教育訓練的需要而集中力量、統籌運用資源，往往很多有意義的事，起初的動念都是很單純的，如今中華平面設計協會成立二十週年，為設計界爭取設計人權益，在社會提供設計美學的推廣及更為學界培養設計新鮮人等做了很多有益的事，這一切都是來自當初三家公司的單純善念。

我們很久沒有全公司的同事為了同一件事聚在一起開會，我們為了即將到來的公司歐普週年日，大家共同提出一個新歐普的論述，並討論我們目前不足的是什麼？由每位同事發表了各自的

看法，因每個人的專長及業務職掌都不一樣，如此較能看到對現在及未來的歐普各個面向的不同見解。開會的目的就是收集很多主觀的意見，最後溝通達成一個共識而繼續往下走，這是多元的商業社會，因為有了組織及參與協會社團的互動經驗，歐普人也要學會去適應外面多元的環境，就把這個體驗從由這個小小的會議開始吧！

▲ 成立於1992 的TGDA 標誌，由程湘如設計，董陽孜女士書寫，王炳南組合構成。

UP25th
PLAY NEW GAME

這是歐普25週年的標誌，所有的設計同事所提出的第二次發想方案。

其他人的貼文   >

歐普設計 UPcreative 用心追求商業設計的價值
4月1日·倒數0日 🌐

1988年4月1日歐普誕生

今天是歐普25週年日，我們雀躍我們更喜悅，迎接這新的一切，
褪去一切鉛華，從本位換個角度，讓我們連結更廣，我們的創作，
沒有深奧的哲理，只要按下play鍵。

掃描 QR-code
看看歐普的設計管理秘密...
本書的 QR-code 都藏著秘密喔，趕快去掃描！

4,100人看到這則貼文	加強推廣貼文

4,008 個讚 25 則留言

👍 讚   💬 留言

歐普設計 UPcreative 用心追求商業設計的價值
3月31日 🌐

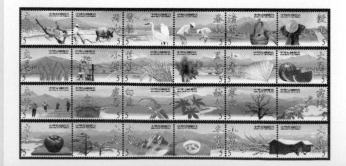

其他人的貼文   ❯

歐普設計 UPcreative 用心追求商業設計的價值
3月30日·倒數2日 🌐

把兩件不曾想到要放在一起的想法，
找到他們的共同關連性，
將之放在一起，
期望創造出的設計的最大值，
歐普自身也在努力追求，
也將此理念應用到工作上，
創意無上限，
讓我們一起享受，
創意、品質、樂趣。
join 2gather, enjoy together!

👍 讚   💬 留言

其他人的貼文　　　　　　　　　　　　　　　　　　　　›

歐普設計 UPcreative 用心追求商業設計的價值
3月28日·倒數4日 🌐　　　　　　　　　　　　　　⌄

For you
設計人一心只為創作,
而將創作的價值轉成商業價值,
是從事商業設計工作者的天職,
一個商業案的成功,
背後有很多人共同的付出,
設計者扮演的只是一個小角色,
這角色也一心只為成果,
歐普只是設計產業中的小角色,
也是眾多成功案例中的配角,
但我們一心只為創作,
我們為您,也為自己,
我們一切創意的目的,
都是客戶的商業利益為考量,
而努力而前進而學習。

👍 讚　　💬 留言

歐普設計 UPcreative 用心追求商業設計的價值
3月28日 🌐　　　　　　　　　　　　　　　　⌄

其他人的貼文   ＞

歐普設計 UPcreative 用心追求商業設計的價值
3月21日-倒數11日 🌐

11這個數字很棒，由完美的10加上代表新生的1結合而成，設計的工
作常常都在追求完美，而在完成作品之後，又想要改改使它更完整，
這就是因為有1的存在，使得我們追求完美的心沒有停止，老畫家用
其一生在畫一幅畫，想到就拿起畫筆再改改。商業設計雖然受時間限
制，必需完成案子，但身為設計者一定知道哪裡還有改進的地方，這
就是設計人追求11的精神。

4,001人看到這則貼文   加強推廣貼文

3,898 個讚 117 則留言

👍 讚   💬 留言

歐普設計 UPcreative 用心追求商業設計的價值
3月19日 🌐

3,665人看到這則貼文   加強推廣貼文

2,223 個讚 52 則留言

歐普態度

在歐普二十五年的歷程中,曾經有三次與其他公司結盟的機會,我們都沒有答應,第一次是幫臺中知名飲料廠設計包裝,其廠商正與法國公司有配方合作,法國設計公司來臺看我們的設計案,並與我們洽談合組公司,他們要 51% 股份;第二次機會是舊同事成立廣告公司,想收編我們為該公司的設計部門;第三次是我們合作很久的客戶,正好他們需要設計團隊,也與我們接觸。當然都沒有達成共識,所以歐普今天仍掛牌營運,因為三個合併案都將失去歐普,也失去了歐普當初創立的理想,兩家公司的結盟在商場上是平常事,而不外乎雙方都以互利來思考,而一個創意公司在組織內是偏技術部門,也就是企業內的工具,真正獨自發聲的機會少了,這結果當然不是歐普要的。

人在哪兒,工作就做到哪兒!這是創意設計人的工作現場,何時需要到哪個客戶那裡開會,有重要的設計問題需要我們立即到現場開會解決,一通電話我們就得派人去。每個客戶總是認為他的事最急迫,就好像設計公司沒有其他的客戶,只需服務他一家,這是常態。

　　設計是服務業，除了設計的專業技能外，其他軟實力的服務也很重要，為了讓每個客戶都有 VIP 的感覺，我們必需學會人在哪兒，工作就做到哪兒，才能把可工作的時間延長。

　　就以棒球經典賽中華代表隊的表現來說，一場可圈可點、有攻有守的賽事，是團隊也是個人的終極表現，並加上眾人的期許與祝福，形成了一個集體意識品牌──中華品牌，這個意識型態的品牌沒有具象的圖騰，是一個價值的共識及抽象精神的串連。每個公司都在追求自身的品牌意識，有些公司以經營者的個人風格為主軸來發展其公司的品牌形象，而我們則企圖打造一個歐普品牌，這個品牌意識代表歐普所有同事的整體呈現，而非特定人的形象資產，我們是以歐普品牌，來服務於我們的客戶。

▼ 我們以歐普的品牌，幫客戶建立他們強勢的品牌。

歐普信念

　　經營設計公司到最後都會想擁有自己的品牌。歐普也曾與伙伴另組創意商品公司（創意田股份有限公司），並自創銷售性品牌，也推出自創商品「設計小人」，於辛苦創立一年半後，終於推出四項商品。一家新公司同時要推出四項商品實屬不易，在一切著作保障認證到手之際，網路及市面上就出現抄襲的廉價品，公司辛苦於擴展通路及防堵仿冒品，對小公司而言，在人力上是一大負擔，另一方面在臺灣的通路多採寄售方式票結，對小資公司是一個資金壓力；下單數量及補貨物流，都是重重考驗。

　　最終決定收場的最大原因，是公司內部的專職經理人因個人生涯規劃而離開，結束二年的夢想，最後將品牌及庫存商品全數轉手他人經營。從中讓我們學會了，一切商業設計需從市場的角度來客觀看創意，這場遊戲雖然輸得不算太重，但還是傷了些元氣，不過並不因此打消我們再加入這遊戲的念頭。

　　市場中本來就有贏有輸，商業設計的工作中有叫好又叫座的作品，當然也有一文不值的作品，但我們都全力以赴了。這次的經驗也讓我們體會到一個盲點：生產商想做品牌，還是會從生產角度出

發，然而缺乏設計 Sense；設計公司想做品牌，還是會從設計語彙
出發，然而缺乏市場行銷 Sense。也因此，這次的自創品牌經驗，
可讓歐普未來在為客戶規範品牌及開發商品時，更謹慎地執行，避
免重蹈覆轍。

有人問歐普為何選定 4 月 1 日（愚人節）成立？做人如做事，
做事像做人，誠實踏實、童叟無欺是商業互信本質，創意好壞會因
人、事、物而易，屬主觀的認定，商業誠信則是客觀的準則。選愚
人節成立是要提醒歐普人，處事需存有臺灣人的憨厚之心，做事要
具有臺灣人的勤奮精神，因為傻人有傻福，天公疼憨厚人。

公司的週年慶也沒什麼重要，但我們每年時間到總要慶祝紀
念一下，提醒自己創業之初的熱情與理想，也回顧一下以前做了什
麼，以後要做什麼。大家吃塊蛋糕吧！勉勵大家的辛勞。

翻越山頭就會看到世界。每人新年都有新的希望、新的計劃，
公司的主體在於人，所以主持人的意念思維牽動了公司的未來，歐
普已是 25 歲的成人了，一直回頭看也沒有什麼特別意義，是該往

▶這塊蛋糕象徵歐普的標誌。

歐普今年25歲

外去看看世界，驗證自己的長處及不足之處，好好準備下一個挑戰。雖然經過廿五年的努力，讓我們有幸能站立在群山之中，但山已無法再長高，唯有越過山，才能看到另一片美好的風景。

每年 12 月 31 日的最後一天，不管今年工作順利不順利，大家總是對未來會抱著美好的希望，來迎接新一年的到來。不管是年頭

或是年尾，歐普人的創意永不打烊，我們的工作沒有時間及空間的限制，永遠為您準時交件。感謝一年來支持我們的客戶、廠商、朋友、師長及粉友們對歐普設計的鼓勵及不吝的指正，讓我們知道不足的地方，更謝謝歐普人一年的辛勤勞動，感恩！讓我們一起看著天空，放下過去迎接 UP 新的一年，倒數歡慶計時...

5.4.3.2.1...Happy New Year !!

▲歡慶倒數計時 5.4.3.2.1...UP New Year !!

座標定位

　　在廣大無垠的設計地圖中，往哪走？
走到哪？雖然無邊無界，前景充滿著未知，
但總是吸引著一批又一批的築夢人，一波
又一波的創意客，向前走，往前衝，每個
人都想在地圖中插旗立萬，號令天下，然
而成功的只是少數，能永坐寶座的也寥寥
無幾。不是不用功，更不是不努力，是我
們感性大於理性的結果，我們的信念、態
度，在為我們寫經歷，唯有一筆一線慢慢
編繪出自己心目中的地圖，才能看到自己
的座標。

歐普形象

｜包容多元的色彩｜

　　造形易改，本色難移，色彩不只是螢幕的 RGB 或是印刷的 CMYK，色彩是童話、幻想、傳記，又是小說。形象的塑造除了造形外還有色彩，造形的變化不能差異太大，使人難以記住，而顏色的定調就有較大的發揮空間。歐普初創時選了「橘色」，避開當時流行的大紅，因為橘色是二次色，較為溫和也較為內斂，直到近年多家國際時尚品牌使用後，才慢慢展現出它的魅力。

▲公司內事務用品所展現出的小小色彩氛圍，積累起來就能形成整體的公司色。

感覺到自己對色彩的認知很狹隘，潛意識中直覺就是喜歡用「歐普橘」，一直用很多年也沒有想改的慾望及理由，為什麼？在《PANTONE 色彩聖經》一書中，我找到了答案。我從 1978 年起受美工技職教育，78 年以前的色彩事件都是透過教科書及老師所述而認知，其中第一次接觸到色彩豐富的作品是普普藝術的「安迪・沃荷，1962」，不論你認為沃荷的作品是庸俗單調，還是迷人且充滿反諷意味，沃荷也只批判他欣賞的事物。

終究這出版品是以歐美為中心的論述，當時我們所受的教育也是源自歐美。可能在那時，「橘色」就植入我的潛意識中而不自覺吧。當時臺灣對國際資訊的引入不那麼即時，少說也不及世界潮流五、六年。另一個「橘色」大量使用時期是「龐克族，1975～1980」，他們把全世界都變成螢光色，大概在 1985 年間流行到臺灣，當時流行訊息來源少，歐、美、日為主流，就這樣「橘色」再次深植記憶中。

待 1988 年我成立歐普設計時，「橘色」就這樣自然被我選用為標準色；到了「Apple 推出 iMac 系列，1998」，主打以富有冒險精神的動腦者，澈底改寫長期以來由服裝界或是藝術界來界定流行色的潛規則，如「感官極簡主義」讓原本實用的消費品搖身一變，進入時髦別緻的商品領域，開啟了下一波設計熱潮。這鮮亮色群中的「橘色」又是被各產業用得最廣的一個色相，也符合歐普以創作流行性快速消費品為主力的經營主軸，所以更沒有理由再去思考改變「歐普橘」的必要性。

歷史是了解未來的工具，我們如果沒能力去創造時代，至少我們要貼近時代，這是我們守著「歐普橘」不放的原因。如果說在公司內需要添購一些硬體，可以選擇顏色的話，我們毫不猶豫，就是

選橘色。這「歐普橘」不只是外顯的顏色,而是我們追求設計初衷的象徵及敏銳的見解。在上海的辦公室內,需要一套沙發,不用考慮室內配色的問題,也不用思考自己的喜好,選配「歐普橘」就好,這樣企業算是塑造出自己的文化風格了,以後慢慢累積起來的色彩形象,也就能更有自信地在業界中昂首闊步。「造形易改,本色難移」,現在臺灣本土的色彩中,一定有更多傳記故事,對想創業的你可以去找找屬於自己的色彩DNA。

▶公司在非商業的創作中如年節賀卡,也喜歡用橘色來表現。

▶歐普的第一面招牌。

| 圓形標誌中的三角形 |

　　1988 年是歐普設計元年，圖中自己手工做的 A4 大小 Logo 板，加上護褙掛在公司的門上就代表招牌，開始了歐普歲月。當時公司登記為「創藝有限公司」，名字實在太普通了，對外就用「A 企劃」的名字來溝通，隨著工作內容的多元性，公司形態的完整性，後來便改名為歐普廣告設計，但始終沒變的是中間「歐普橘」的顏色。

　　從「A 企劃」的誕生到目前的歐普設計，其中經歷了臺灣產業的起飛，更歷經了設計業的大變革，從手工製圖的年代，跨進到電腦化的時代，一些設計流程是必需重新整合的。最明顯的是公司的服務範圍需要更廣泛，歐普的標誌也為了配合公司的定位而修改了幾次，每當新標誌推出後，我們就會開始為了下一次的修改做準備。很多設計的觀念或是趨勢需要去實驗及執行，才能證明好或不

好、可行或不可行，但我們不能拿客戶的信任去做這種事。就說標誌的設計演變好了，每個時代都有其視覺流行，因繪圖或是應用媒介的演變，標誌的應用價值也被要求更多元化，從早期的平面 2D 視覺演變到現在的立體 3D 標誌，我們自己練習演繹歐普的 Logo，這成功的實驗讓我們更有信心分享給我們的客戶。

在五週年紀念時，歐普曾印製一批 T 恤與朋友分享，現在回頭來看，用公司 Logo 應用於一些設計品，在手法上是有點兒生澀，2D 的表現技巧，一看就顯現出些許時代性，回顧以前的設計表現，在二十年前也可稱得上「前衛」，現在看來難免有些「老派」，但就這樣原汁原味地紀錄下一間設計公司築夢踏實的每個階段。

▲歐普五週年的贈品。

69

1988
· 1988.4.1. 創A企劃設計工作室
· 1988.05. 榮獲質協包裝設計展
　最佳包裝設計獎(統一紅茶)
· 1988.10. 友嘉實業集團CIS規劃
　完成

SINCE
1988

1989

1992 **UP**Creative
歐普設計有限公司

1993
· 1993.01. 文建會禮品包裝設計
　展邀請展出
· 1993.04. 榮獲TGDA '92 VI類
　Top Star(中電應用Symbol)、包
　裝類Top Star (O'Goodies甜甜圈
　禮盒、大聲公趣味禮盒)、平面
　類Top Star(歐普賀卡)、技術類
　Top Star(立頓烏龍茶、茉莉花茶
　利樂包)
· 1993.09. 榮獲北京第四屆中國
　包裝設計展銅牌獎(麗嬰房Nac
　Nac清潔用品系列)
· 1993.11. 第一屆亞洲包裝設計
　展邀請展出(韓國)。

1989
· 1989.07. 公司擴編，改名為…
　「歐普設計有限公司」

1990
· 1990.04. 台灣電視公司CIS規劃
　完成
· 1990.10. 宏國關係企業CIS專案
　VI規劃完成

1991
· 1991.04. 榮獲「TIDEX '91台北國
　際設計暨自創品牌展」之最佳
　包裝設計獎及最佳會場佈置獎
　(麗嬰房Nac Nac清潔用品系列)
· 1991.11. 三光文教機構VIS規劃
　完成

1992
· 1992.01. 台灣迷普樂公司CIS規劃
　完成
· 1992.04. 榮獲「第一屆平面設計
　在中國展」包裝類優異獎(新東陽
　唐點子中式小點系列)，及標誌類
　入選獎(歐普設計公司標誌)
· 1992.07. 聯合創立「中華平面設
　計協會」

▲記載於公司簡介內的Logo演變大事記。

Chronology

1994 **UP** ▲ **CREATIVE**　　　　　　1996 **UP** ▲ *CREATIVE Design Co., Ltd.*

1995
- 1995.03. 榮獲TGDA '94平面類Top Star(結婚囍帖)、包裝類Top Star (Reebok BOKS休閒錶包裝組、大聲公御撰肉品禮盒、立頓精選紅茶禮盒、立頓金罐茶禮盒)、技術類Top Star(Reebok BOKS休閒錶包裝組、立頓金罐茶禮盒)
- 1995.04. 榮獲「GRACOM '95」-傑出平面設計獎(反毒海報)、及包裝設計佳作獎(立頓金罐茶禮盒)
- 1995.08. 統一型錄公司VI規劃完成
- 1995.08. 受邀「中國時報CIS」指名競圖設計師,所作標誌獲民眾票選第一名
- 1995.09. 榮獲「中華民國視覺設計大展」包裝創作金獎(BOKS休閒手銬)卡片創作金獎(歐普賀卡)
- 1995.09. 第三屆亞洲設計展展出(台灣)
- 1995.09. 第三屆亞洲包裝交流展專輯編輯製作(台灣包裝設計聯誼會出版)

1994
- 1994.04. 香港設計師協會海外會員
- 1994.04. 獲TGDA '93包裝類Golden Star (彎彎清潔保養系列)、技術類Top Star(彎彎清潔保養系列)、平面類Top Star (聖伊蓮恩瘦身系列)
- 1994.06. 應邀設計「奧運百週年紀念郵票、金票」
- 1994.06. 台灣印象海報聯誼會會員
- 1994.09. 編輯出版「商業包裝設計」(藝風堂出版社出版)
- 1994.10. 榮獲「法國國際海報沙龍百件展」入選2件
- 1994.12. 超泰關係企業CIS規劃完成
- 1994.12. 作品獲收錄於日本 P.I.E. BOOKS (囍帖設計)

1996
- 1996.04. TGDA '95 Typographic類Top Star(優品公司Logo)、平面類Top Star(吳勝良結婚囍帖、奧運百週年郵票)
- 1996.04. 應邀設計「交通大學一百週年紀念郵票」
- 1996.04. 榮獲「華沙國際海報雙年展」入選(環保海報)
- 1996.05. 榮獲「英國Std International Typographic Awards '96」之海報類Premier Award(反毒海報)
- 1996.06. 受邀成為英國Social of Typographic Designers協會會員
- 1996.10. 外貿協會包裝設計研修營講師
- 1996.11. 榮獲 HKDA '96亞洲設計獎 海報類Excellence Award(反毒海報)、Merit Award(環保海報)

A Creative

▲歐普Logo 由2D 到3D 的演變

　　公司週年日除了推出一個紀念標誌，還可以做些什麼？
歐普在跨入第二十五年之際，創意部門計劃設計一些週年
標誌，初步討論後還是重新再來，因為要產出一個標誌
是很容易的事，只要目標清晰，經過設計就能達成，但
我們要利用這次機會，讓大家在設計歐普 25th 紀念標
誌的時候，去想想歐普之後要去哪裡？要成就什麼？
以及你心中未來的歐普。過去的二十五年，再好再
壞也都是過去式，留念也沒什麼意義，以前的經
驗模式能生存下來，不代表之後就適用，這個
標誌的產生將是所有歐普人所共同追求的。

▶圖為歐普25 週年第一次的標誌草稿圖像。

| 統調又獨立的名片 |

名片是公司最小也是使用最廣的文宣品，名片的目的是要傳遞公司的基本訊息及統一公司的對外形象，在這兩項原則抓住後，再來就可發揮創意了。我們在如上的基礎資料定調後，每個人的名片都將會印上自己最帥氣的簽名，整體的形象有統調性，而每個人又保有自己的獨特性。

公司名片如宣傳品，跟市面上的消費性商品包裝一樣，偶爾也需要翻新一下，以便帶給人新的形象。歐普二十五年來在名片識別上，沒有一成不變，每每隨著人員及組織的變化而有所調整，我們總是想嘗新求新，在這 5x9cm 的最小載體上，傳遞出歐普的特色。

| 逢季換新裝的招牌 |

招牌不只是招牌，除了指示標識外，還可以隨著季節換換新裝，歐普賦予平凡無變化的公司招牌眾多的表情，在特殊節慶或是特別的日子，我們就將小小的招牌裝扮一番，讓來訪的客人、朋友們，每每都有耳目一新的感覺。

▶隨著年節及主題的到來，
歐普的門外小招牌會換換新裝應景一下。

其他人的貼文 >

歐普設計 UPcreative 用心追求商業設計的價值
3月12日-倒數20日 🌐

歐普以視覺意念的開發者
為我們的職志，
25年來從平面到立體至數媒的發展，
我們努力地跟進及學習，
歐普三角形招牌也隨著時空的轉移，
從平面改變到立體，
型式圖騰的轉換並不因流行而為之，
在追求創意、價值之時，
我們兼顧天地人的平衡，
圓形、方形、三角形，
是視覺之初，也是我們追尋之終，
歐普 準備好了！

👍 讚   💬 留言

歐普設計 UPcreative 用心追求商業設計的價值
3月12日 🌐

其他人的貼文 >

歐普設計 UPcreative 用心追求商業設計的價值
3月2日·倒數30日 🌐

平面起家的歐普，
25年一路走來，
始終沒忘記堅守創意的初衷，
這塊三角形招牌猶如七巧板之中的一塊，
是呈現各種專業表現的點睛之筆，
歐普雖起始於平面，
但經過多年的磨練，
隨著時代的改變而調整腳步，
適時培養出各類人才，
即將展開跨領域的發展，
歐普 準備好了！

2,893人看到這則貼文　　　　　加強推廣貼文

2,673 個讚　203 則留言

👍 讚　　💬 留言

歐普設計 UPcreative 用心追求商業設計的價值
3月1日 🌐

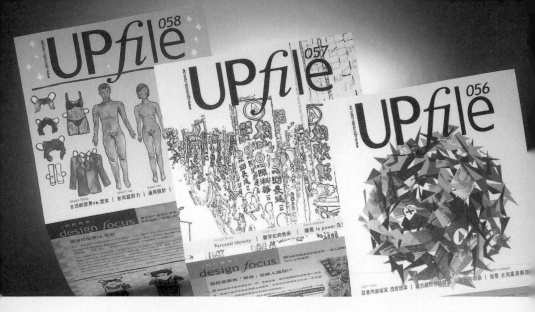

| UPfile 內部檔案 |

　　UPfile 是歐普設計公司獨立發行的一份紙本月刊，於 2000 年創刊，每月發行量在 800 份左右，編輯印製及郵寄成本每期在 3 萬元左右，將歐普及設計事件的每月大小事，透過這份四折頁八面的載體分享給客戶、學界、設計朋友及公部門，雖發行量不廣，但累積近十年八十期的期數，從中可看出一些設計產業的發展，然而在時間、成本因素考量下，我們忍痛於 2010 年（第八十期），暫時停刊，目前我們正在努力尋找復刊的可能性，期待能早日與各位見面，如對之前的內容有興趣的朋友，可以上歐普的官網「歐普內部檔案」♀ 去觀看。

♀ 歐普內部檔案WorkShop
http://www.upcreate.com.tw/ch/workshop.php

2000/6 創刊

UP*file*

電子版登於 *www.upcreate.com.tw*

▲在歐普官網內「歐普內部檔案」將可瀏覽到全部的數位版。

歐普檔案 (UPfile) 的前身是「歐普內部檔案 WorkShop」，再之前則是「歐普人」，於 1993 年 2 月 15 日創刊，當時尚無電腦，故採純手工製作，由打字到點陣式印表機列印出來，遂行剪下再加上插畫編排，再用 A3 影印對折 4 頁出刊，發刊頁數為 16 頁，後來發展為長菊對開的 UPfile。

歐普檔案 (UPfile) 在第 56 期改版，我們很慎重地請每一位設計同仁提出改版方案，從形式上、版型上、還有閱讀順暢度方面來進行改良。這些只是設計機能的改變，最大的改變是，UPfile 要走到歐普以外的地方，去探索更多更值得分享的設計經驗，期望慢慢塑立 UPfile 這個平臺品牌！

2000 年歐普內部檔案要發刊之前，我們自己在內部整合了很久，試了幾種版型及編排，最後推出試刊號，採 21x84cm 四折長條型，因為中文橫書由左至右，又要直排，在 Layout 上確實很具挑戰。這份月刊的出刊陸陸續續發行了八十多個月，從中我們學到很多經驗，也實驗了很多材質，這些收獲非當時創刊時所能想像，最終我們都把這些學習經驗回饋到客戶的作品上。

▲雖然是一份內部刊物，在改版時我們一樣嚴謹面對。

| 訊息條 |

　　每當歐普的 UPfile 出刊，我們都會迅速寄送給我們的好友分享，長期收到 UPfile 的呂敬人先生 ♀，對此份長條的印刷品起了個「訊息條」的稱呼，意指在眾多並多元的訊息資料中，每期都能簡短並有效地介紹一個主題，在現今多流的資訊中，較能有效被觀看者吸收，而帶來了 UPfile 的無形價值，總比一般雜誌性的報導來得有效且實用，因編排方式以長條經摺形式，所以他就給予「訊息條」的稱呼，而不稱它為公司文宣 DM。

♀ 認識呂敬人

1947 年生於上海。書籍設計大師、插圖設計大師、視覺藝術家，AGI 國際平面設計協會會員。師從神戶藝術工科大學院杉浦康平教授，曾任清華大學美術學座教授，中央美術學院客座教授。中國出版工作者協會書籍裝幀藝術委員會副主任，全國書籍裝幀藝術委員會副主任、中央各部門出版社裝幀藝術委員會主任，中國美術家協會插圖裝幀藝術委員會委員，北京「敬人紙語」領導。

▲以三明治人概念設計的海報。

| I have a dream… |

2000 年 9 月在臺北市慶城街恆成紙業的展示中心，歐普辦了第一次的公司小型個展，展覽的內容不重要，重要的是我們與朋友分享著歐普 Style。主題海報設計是李長沛，概念是以早期街頭行銷廣宣活動中的「三明治人」 為形象，行銷需要及物，更需要適物，而主角就是人，這個人有恐龍腿，像酷斯拉一樣改變自己、適應環境並征服現在，而這正是設計人的寫照。

三明治人

將兩片廣告木板背掛在肩膀上的人稱為「三明治人」，是最樸素、直接的宣傳手法，可說是活動廣告中的步兵，在臺灣和日本盛行於二戰結束後的 20 年間。

英名：Sandwich man。日名：サンドウィッチマン。

| 字彙集 |

　　能不浪費的我們都盡力節省，UPfile 折疊後的完成尺寸是 21 X 21 公分，因為郵局的官方規定，一般信箱口不得超過此尺寸，我們不希望一份用心的東西，最後敗在投遞過程，若因尺寸問題而被摺損是很可惜的。

　　因為這樣的限制，尺寸成為 21 X 84 公分長直式，在構成及圖文編排上難度偏高，我們都習慣於橫式的編排，因此我們利用此刻實驗了一些直排型式，也累積了一些經驗，而兩張排於菊全紙上尚留有一些空間，我們就放上七個（名片大小）中英專有名詞的卡片，可逐期裁下累積為字彙卡，一面當書衣，並可貼郵寄名條，省去信封的浪費，而為了方便查詢專有字彙，我們也將所有的資訊放上歐普的官網，大家有需要可以上「字彙集」⚲ 來逛逛。

⚲ 字彙集Glossary
http://www.upcreate.com.tw/ch/glossary.php

▲由UPfile 郵寄書衣裁下的字彙卡。

| 歐普作品集 |

1996 年歐普第一本作品集出版,當時收錄識別、包裝、品牌及商業設計等工作範疇的作品,154 頁的內容精簡介紹 1988 年歐普創業以來的成果,我們集結了八年的工作經驗才踏出這一步,專輯中紀錄歐普創業過程及我們自己的期許。

歐普第二本作品集於 1999 年誕生,我們稱為「99 卡」,當時的構想是集結 99 件作品,概念來自於創作永遠無法達到滿分,而 99 之意是提醒我們尚未達到滿分,須再努力,另一方面是留 1 分與客戶共創一百。型式上採用明信片卡的方式,可將每頁拆下郵寄,這份明信片型式的作品集,也開啟了當時裝幀的話題!

2002 年歐普推出第三本作品集,這次分為兩冊出版,一冊是作品集,將先前的四類服務內容,再加入新推展的「企業文宣」服務;另一冊是介紹公司組成的團隊,一一介紹每個人的特質及服務領域,讓歐普的合作夥伴們更了解我們,讓客戶們知道歐普以人為本的理念。

2007 年歐普出版了第四本作品集,我們把作品集的尺寸改為正 20 開本方便攜帶,方正型式在編排上也較有張力,這次是將上

一本，五個服務項目中，企業識別及品牌識別合併為「Identity」，
梳理為四個服務項目。歐普每過一段時間，都會調整我們的服務內
容以因應市場上的需求，並慢慢整合出我們專長的領域。

▼1996 年歐普第一本作品集。

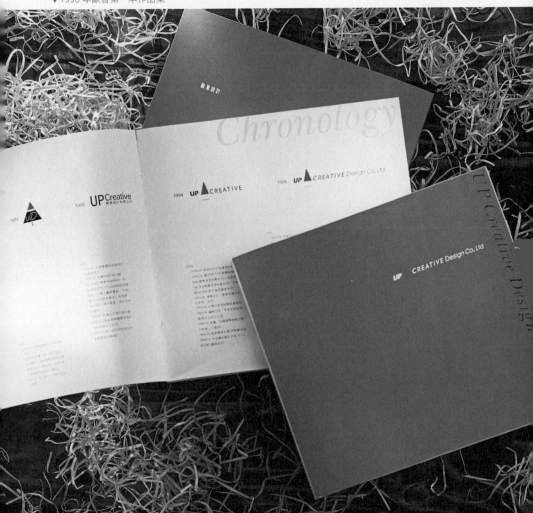

◀▲ 1999 年歐音第二本作品集。

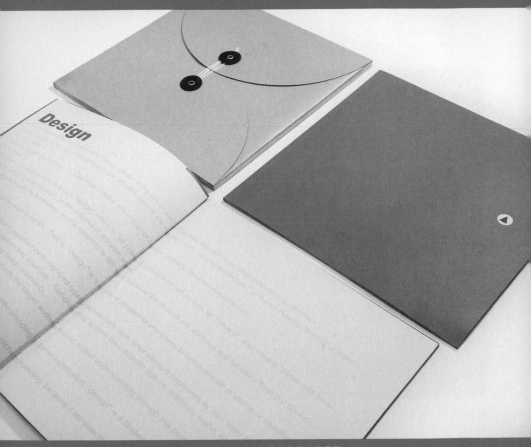

▲2002 年歐普第三本作品集。

▲2007 年歐普第四本作品集。

其他人的貼文

歐普設計 UPcreative 用心追求商業設計的價值
9月12日·倒數201日 🌐

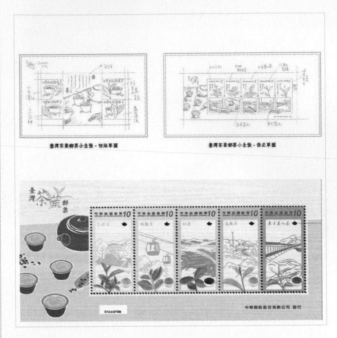

2012/9/12 正式發行臺灣茶葉郵票小全張
由歐普設計師鄧彧創作，在看到成果的當下，當然也不忘回顧一下
之前的創作歷程。對設計師而言，草圖不是結果，只是過程的紀
錄，每一張都有著不同的創意點，只看客戶最後的選定方向。

加強推廣貼文

3,114 個讚 92 則留言

👍 讚   💬 留言

歐普設計 UPcreative 用心追求商業設計的價值
9月11日 🌐

Taiwan : Shanghai
10 : 1

歐普制度

　　由公司的組織架構可以看出其願景，要畫出一份組織架構圖表並不困難，難的是在組織架構表上各職位人才的定位，須知要找到適當並能認同公司願景的人，確實是不容易。歐普創業二十五年間，在公司的組織架構上曾數次修正，修正的原因多是決定於設計產業生態的改變，如客戶外移或是設計開發工作移到大陸，在修訂組織架構前，我們會事先在內部試營運，待組織運作上軌道後，我們再明訂修改組織架構，一份組織圖除了是公司願景的視覺化，也是一份責任的清單。

　　同事去留本應正常看待，為了新進同事與工作、環境的磨合，在面試時會先確認彼此對設計工作的認知，再行試用一段時間。這試用概念同時適用於雙方，如員工不滿公司可隨時走人，反之員工如無法完成分內的工作，影響到公司的業務，以公司立場不如早點解除關係，不要浪費各自的時間，這種事在職場上是天天上演的。

　　當同仁離職時，在辦好手續後，歐普會主動給他一張「離職證明」，其中明確記錄了該同仁何時進公司，所任職位，何時結束在歐普的服務，該做的我們都做足了，怎麼用，要不要用這證明就隨

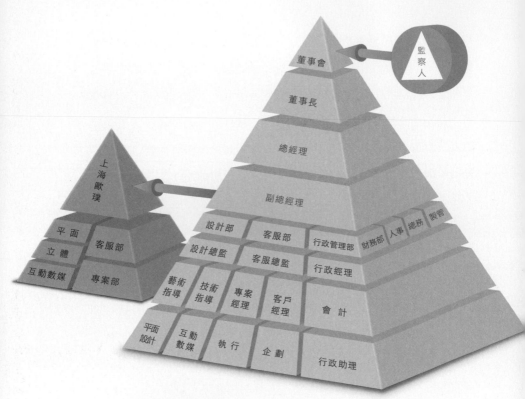

▲歐普設計公司組織圖。

他們了。這類經驗，會讓我們在處理公司與員工的關係上更合情合理。我們在新人報到時的行政手續中，其中一項就是要提出前任職公司的離職證明（應畢同學免），它雖然只是一張紙，但其意義將大於這張 A4，因為我們希望彼此都能坦誠相見。

員工中難免會有違反職場道德的人，各位辛苦的經營者，這類事情也有可能發生在你的公司，我們需正視這個問題，大家一起來維護正正當當努力工作的好同事，如因個人理想離職，請大方給予離職證明書，如是違反職場道德，不清不楚不明不白的員工，就沒義務要給這張離職證明。想要好好看到臺灣設計環境健康的發展，大家的認同並參與，你我將不再默默含冤，讓勞資雙方能更和諧、更快樂。

| 職業講道德 |

商業上很多事情要睜一隻眼、閉一隻眼，在公司的管理規範上也是如此，但容忍的底線在哪裡？真的說不清。很多規範可以白紙黑字明列出來，但有很多道德觀、價值觀，很難說得那麼白，因為這是普世價值，但不寫出來，就是有人會犯這種小事。就說在上班時間以外，同事如果私底下去接案子來做，這事算大還是小？以歐普的規定，立馬請他走人，沒有什麼友情贊助、純幫忙的藉口，在

設計職場上算是嚴重的大忌。設計不是計時，時間到就做完，難免會拖拖拉拉影響上班時間，公司的競爭除了同業，亦包含了眾多的 Soho 族，擴大來說，就是公司的競爭者，但你領的薪水又是來自於公司，如同事真有此能力，我們還是鼓勵他自行創業，這就是歐普的紅線。

｜同仁有權益｜

進歐普的每位員工滿一年起就有七天特休假，爾後每滿一個級別就有累積的特休天數，待得愈久就休得愈多，年底因為客戶在結案，是有

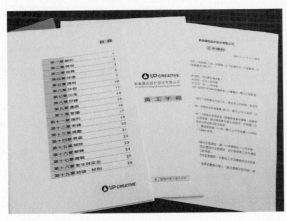

▲厚達36 頁的工作規章。

點忙，而年底員工也在履行自己的特休假，一時間公司空空盪盪，但工作還是順利地完成，全靠同事間彼此的相互支援及個人主動努力提前把工作完成，假照樣休，工作照樣結案，大家都能開開心心地好過年。

| 章程管人也管事 |

任何一家公司都會訂定管理章程，章程的制定不外乎情理法，並融入自己產業特性而成。歐普的公司章程從制定以來，經過時代及相關法令的變遷，我們修改了很多次，每位同事第一天上班，就會拿到一本，內容清楚說明公司的義務，也告知了同仁的權利，雙方白紙黑字表述清楚，任何公司的經營皆須避免用個人的主觀情緒去管理。

一間公司要正常運作，人力規劃的適切與否相當重要，然而人力規劃只能解決一部分的問題，在管理上，人是最難規範的，尤其是創意人。創意是種虛幻的概念，無法具體計算出來，然而，每位同事們來這裡的責任，就是好好拿出創意來，其他的事就交給公司章程。

歐普努力在用工作規則及同事們對公司的認同感來成事，歐普會將員工的一切福利獎懲、請假規則等都白紙黑字記載於員工手冊上，並交代清楚公司所有的權利義務。

名片上的職稱是要嚴謹看待的，歐普公司內的所有職位，都是看個人總體呈現的結果所授與，不是進公司的年資愈久或是主管的

好惡，名片上的職位就愈高，在職位升等的原則上，人事章程內都有明確記載，當要升遷到下一個職位時，該職位所需要達到或解決能力的標準都明列出來，職位愈高，所列的工作準則也愈多項。

在歐普的員工手冊中，將設計部門分為四個級別，每個職級都明列需達到的工作要求，才能升遷職級。為了不用人治的管理，我們設計出「設計之能力要求表」，只要自己隨時檢視自己的工作能力，能力到了職稱也就改了。

公司成員的流動本是正常的事，因此能進入歐普的同事一定是「即戰力」，當然公司在找新人有一定的程序，上班後也有一些基本的考核，順利待下來的任何一位同事，都將受到同樣的福利與待遇，但也一樣要付出自己應盡的義務，若表現得好，愛待多久就待多久。

凡走過必留下痕跡，常有業界朋友來詢問，某人在歐普期間的表現等問題，如有來面試的人，若有需要，歐普也會去諮詢他曾待過的公司，最了解該員的表現，這樣的訊息互換對於雙方都是善意的方法。

職級說明
設計部

設計之能力要求

	助理設計		設計		資深設計	
設計工作經驗	可		中		佳	
執行能力	佳		佳		優	
創意能力	中		佳		優	
完稿能力	中		佳		優	
軟體操作能力	佳		優		優	
印刷監督能力	可		中		佳	
攝影監督能力	可		中		佳	
進度控制能力	可		佳		優	
後製作控管力	中		佳		優	
成本概念	中		佳		佳	
協調溝通	中		中		佳	
TEAM WORK	中		中		佳	
資訊接收能力	可		中		佳	
市場觀察能力	可		中		佳	
提案能力	可		中		中	
整體規劃能力	可		可		中	
視覺策略企劃	可		可		中	
領導能力	可		可		中	
負責態度	佳		優		優	

本手冊為公司內部資料，請勿外流！

▲檢視自己的工作能力表。

歐普經營

｜人事＋成本＝費用｜

公司的經營像日常生活，主事者自身生活過得平順，公司也會一樣平和，生活充滿精彩刺激的經營者，公司也是花漾繽紛，兩者都好，但看經營者追求的是什麼。獲得「利潤」是最大公約數，但絕對不是終極目標，因為可獲利的行業很多，為何選擇設計這行業，只有經營者自己知道，沒有標準答案，但我認為，總脫離不了對設計的信念。設計人難免會在信念與賺錢中擺盪，因而暫時受當下環境影響而決定擺向何方，然而最終還是要找回初衷。

設計公司的經營型態有很多種類型，如創辦人是業務出身，公司的發展往往會以業績及開發業務為主軸，人力配備上就以業務掛帥；如主事者是設計專業出身，那發展較會從感性出發，追求的是結果的完美。兩者之間沒有誰好誰壞、誰對誰錯，因為對公司而言，這兩方面都很重要，這也是歐普長期以來經營及追求的目標。

設計業的工作量是以「人數」來計算產值，每天八小時，每週五天，多少人、多少時間就產出多少工作量。有些工作流程少不了，不管公司過去的案例多豐富，這些往往都無法再直接套用在任何一

項新工作上，所以在計劃工作進度時，一切都需歸零，依據當下的
可用人數來擬定。排定進度的最大原則是，不能影響客戶上市的時
間及設計所需的創意時間，往往在這兩者間的擺盪，就是商業設計
公司最難以處理的地方，加人來克服工作量的問題或是減少工作量
來維持自己的品質，這問題各有各的應對方法，我們選擇後者，這
樣才能對我們正在合作中的伙伴負責。

| 設計師的 GDP |

　　設計公司經營成本的最大投資是在「人事成本」。那麼，一位
設計師的「設計生產毛額」（Gross Design Product）是如何累計呢？
我利用多年來的營業成本與人事成本的資料庫，建立了一個設計師
的工作生產成本公式，我們將每月所付給每位員工的薪資 X 9 個基
數，就是一位員工每月的 GDP，計算說明如下頁圖說。

　　設計工作中，往往最不能量化管控的是「提案溝通的成本」，
如提案的事前資料收集、整合時間的成本，與提案後的修正成本，
修正次數愈多其成本就愈高，所以在工作風險上需保留 2 個基數的

空間，以防白忙一場。以上的試算可以讓設計人了解一下自己的價
值，也提供公司如何去善用這項個人價值，以面對客戶用不合理的
價格來要求設計工作，設計就會更有價值。

Gross

Design

Product

・個人的每月薪水算 1 個基數。

・個人的年終獎金提撥算 1 個基數。

・個人的團、勞、健保、福利及退休基金算 1 個基數。

・共同分攤公司的營業成本算 1 個基數。

・共同分攤工作所需軟硬體更新及耗料算 1 個基數。

・共同分攤各項稅捐項目算 1 個基數。

・公司經營的應有利潤算 1 個基數。

・營業工作風險算 2 個基數。

▲設計師ＧＤＰ設計說明。

| Time is money |

　有人說創意人很難管理，因為無法用生產管理的方式來管，這樣會限制創意。是的，人腦內無形的思考運作無法量化，但在有限的時間內完成一個設計工作，這是「商業設計」的基本要求。商業本就須與時間競爭，時間拖得愈長對公司及客戶都不利，除了成本的增加，也可能喪失商機。歐普的工作時數登記表，可以細算每項工作的時間成本，這統計數字是客觀的，以後一定用得著。

　每天早上所有同事都會收到一張「早餐單」，裡面記載著每人今天的菜色，有的要討論草稿，有的要交完稿，每個工作細項後面會備註時間及工作細節，以便提醒當事人。這樣照表操課，行之有年，是多一份提醒，因為大家都很忙，有很多事要做，準時達標，大家才不會瞎忙。

　很多公司一直都在人力的組成及專才的均衡上做努力，有些公司因長期以業務的發展為導向，在同事的專才上會以該公司的業務範疇而儲備，這也是使公司員工更朝專業發展的好方法。歐普在同事專才的組成上較偏向多元性思考，希望每個同事的專才風格都不一樣，這樣在同樣的案子中，可以看到較不一樣的想法，彼此能有更多元的學習及分享，做起設計來也較有趣。

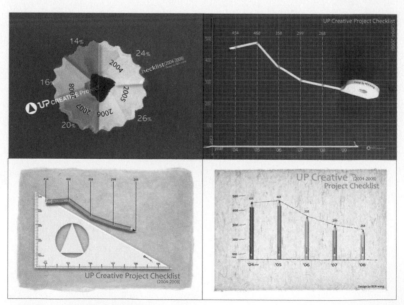

▲工作時數登記表，每個人每天必做的功課。

▲每個數字背後都牽動著另一個數字。

▲早餐單，每天工作從此開始。

| 要的是戰友，不是要傭兵 |

設計產業的發展可到全營銷一條龍（從商品端開始規劃到創造品牌、通路銷售、廣告及代銷）的服務，全營銷中又可以分成很多項專業來處理，往全營銷的發展或是求各項專業深入發展時，都是一門專業的功課，要靠實力及時運。

經營公司誰不想愈大愈好，如只以單一創意工作為主要服務，沒有附加媒體或營銷，當組織擴大，人力必得增加時，相對的空間、硬體及耗材的成本亦會倍數增加，而在設計收費不變的情況下，這些負擔沒有地方消化，終將成為負資產，所以未必是一件可行的事。一間設計公司，最經濟的人力約在 15 人上下，延伸出的空間、軟硬體及業務量等，必須為 15 人的創作量所能應付，這也就是純設計公司都不大的原因。

有人問我們，為什麼不用外面的約聘人員、自由工作者(freelancer)來減輕公司的成本，或是聘雇專案約聘人員？雖然公司經營在成本考量上是很重要的，但歐普認為，我們要的團隊是共同出生入死的事業戰友，不是傭兵，即使在經營成本上較高，但我們培養的是對公司長期的認同感，這樣才能確保我們所創造出的作品，件件都是正統。

公司徵人，不是徵才，徵的是有共識的人，不是自我表現才能的人。不想人才被挖走，是公司經營者的重要課題之一，所以我們絕不隨意挖角，尤其好友公司的同仁來應徵，會更深入地了解其離開的原因，有時還會勸勸他回頭，因為圈子很小，我們不希望造成同業、朋友的困擾，這是業界的潛規則。人才不難找，有錢能使鬼推磨，如我們把人才用薪水數字來類比，有一天自己可能也會成為這數字的受害者，在數字上競逐不如花心思搭建更大的舞臺，自己培養人才，有一天肯定也會受惠於人才。

| 生財器具─「人」|

每天我們都在為明天的挑戰及工作而準備，誰也不知在下一秒鐘會有什麼事情發生，為了在面對臨時突發的工作改變時能從容應對，是可以在作業流程上設定 SOP，不過 SOP 還是需要人來執行。而人的反應及適應較難由訓練來提升，所以才要有備用人才庫的建立，我們常收到很多人主動寄履歷來應徵，我們都會留下可用的人力資料以備下一波的人員補充。

公司的徵才不是單向的互動，大公司可以花錢找獵人公司補公司所缺人才，小公司只好自己去找，等人投履歷是一種方式，然而

不如遇到合適的人才,主動去溝通、邀請,不論結果為何,至少歐普都誠心並努力過,在過程中也更清楚自己給人的印象為何。成與不成對公司而言都是一個經驗。

| 「工作 ≥ 人力」還是「工作 ≤ 人力」? |

　　人的本性總有劣根性存在,如 11 人做 10 人的工作量,那肯定只有九分的成績,總有人在等待別人完成,到後來可能剩七人、六人在認真工作,這是不允許的。這樣對公司如何,暫且不提,但絕對不能對不起客戶,所以我們要從根本來解決問題。在人力與能力的分配下,我們總以十分工作九人做的張力在運作,創意的工作有時需要一點點張力,如時間截止點、工作量的壓力、自我完成度的管理、對外的連結度等,都需要保持缺一分的緊張度來面對,這樣才能有所警惕。

　　人是公司的資產,也是負擔,設計公司若沒有人力就沒有創造力,但人力是否與工作量成正比,這如天秤兩端,案少人多或案多人少,對一個小公司而言,都是承受不起的重,案少讓人慌,案多讓人忙,唯保有八分滿的彈性,方能讓天秤兩端暫時保持在一個平衡的穩定情形。

歐普不做

歐普設計成立之初，就是以全商業設計為基礎，因受當時國際大型廣告公司引進之影響，我們不做廣告，因為廣告需要大量的人力與財力，以應付媒體買賣，另一方面，由於我出身於大型的廣告系統，知道專案的操作模式，如我朝廣告公司發展，我就很難接到廣告同業的委託案，若以設計公司定位，所有的廣告公司都將會是我的客戶，其中，除廣告業務以外，其他我們都做。

慢慢地，設計產業分工愈來愈細，從以往的工作經驗積累出一些案例，又逢臺灣企業形象的抬頭，歐普就從企業服務到品牌，再延伸到包裝領域，可說是一條龍的服務。

有家雜誌社來訪，談到專業何以實踐，說起來很順口：「專業設計、專業包裝、專業 CI、專業品牌…我們是專業團隊…」，常常看到這樣的廣告文詞，而這些抽象的文詞，如何讓人清楚感受到歐普努力做好細節的信念呢？歐普實踐專業的方法是將任何細節串連在一起，從案子進門到案子出門，其中發生的任何環節或任何微小的細節，都盡力去完成。其他是否專業就讓別人去認定了。

　　商業設計有商業的規則，要玩就要遵守這規則，一個設計公司不能只抱著商業而其他都不在乎，更無法想要玩又不遵守其規則，而將重點擺在儘對自己有利的地方，這樣的本位主義是行不通的。業務雖然是我們的飯碗，但也不盡然要緊抱客戶不放，有時做一些自己想做也有能力去做的事，把設計的視野移到商業工作之外，如自己去設定一個概念，而從中發展一些創作，也許學到了一些經驗，雖一時沒有成果或結論，但我們是在為自己的未來播一顆希望的種子，現在聰明人太多了，不缺我們一個，傻子終究沒有人跟你爭，可以自己玩自己。

▲在商業的包裝設計上，也可以植入一些希望元素來與消費者溝通。

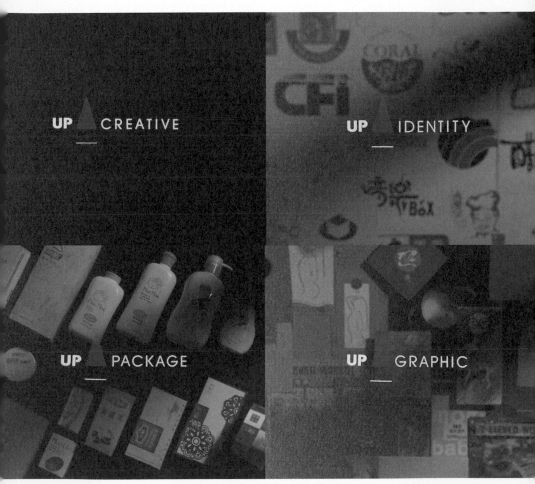

UP CREATIVE

UP IDENTITY

UP PACKAGE

UP GRAPHIC

▲隨著臺灣的經濟成長，我們也調整公司的營業內容。

歐普空間 / 內在

| 追求生活節奏的空間 |

　　孟母三遷是為了一個適合成長的環境，歐普總共搬了九次家，除了隨成長而換遷環境、改善空間，但最重要的原因也是要尋覓心中最適合「長大」的環境，這才是最大的主因。從初創時期以客廳為工作場域起，我們一直在蛻變追尋並編織一個適合設計人的空間，它不需要有五星級的設備，但要能擁有個人的獨立領域，又能自由方便與人分享的氛圍。公司的四周有方便的生活機能，讓同事能感受到「生活的節奏」，室內要挑高、明亮、整潔，其他只要舒適即可。

　　公司的平面配置圖，就像迷宮藏寶圖，每個位置、每個線路的起始點，如能在工作平臺就定位之前規劃好，那以後的擴充就好辦了。辦公室內最麻煩的就是線的整合，要將線頭隱藏起來倒是不難，但日後的維修或是調整，要在裝潢好的牆內精確地找到線路維修，靠的就是這張藏寶圖。

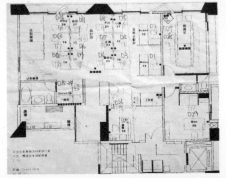

▲這張記載公司所有的配線的平面圖可方便平時的維護。

每人一樣的空間大小，不一樣的是自己的格局。▲　▲有機植物讓工作環境看起來較有生氣

| 60 × 120 的創意溫室 |

設計人的空間有多大？除了桌上的 21 吋螢幕，還能有多大？在寸土寸金的都市中，公司的環境也隨之被壓縮，每個人的工作區域只剩下 60 × 120cm 的平臺，除了可見的硬體外，剩下的就是每個人可以自由發揮的空間，有人可以在有限的空間中佈置出個人的味道，有人可以塞滿文件、雜物，堆高到天花板，這都是自我感覺，無傷工作，工作環境空間的大小，並不會影響設計的產出，倒是心靈的空間格局，將會看出你設計的內涵。

花花草草在這個充滿壓力的環境中更不能少，每天盯著 A3 大的螢幕看，讓人變得愈來愈短視，但設計人又離不開這該死的電腦，我們會儘量在不經意的空間中，種些綠色的植物，一方面觀察室內的空氣品質及陽光的照射情況，另一方面可以讓我們抬頭就看到綠，看到生活中的生意盎然。

零亂的機房設備也需要放放風。▲　　▲夠用就好及好用就行的會議空間。

| 機房 |

機房是一個惱人的空間，以前為免髒亂，把它獨立在一個「禁閉室」內，然而，過熱的空間對這些硬體而言是個傷害，故常發生當機事件，後來學會了與它們共處一室，並接受它們的存在。就像是公司管理發現了問題，不能一味地防堵，以為藏起來就沒事，面對它並接受事實，才是長久之道。

| 夠用就好的會議室 |

歐普公司不大，始終秉持著空間夠用就好的使用原則，平常同事在自己的工作崗位上，沒事也不常走動，唯一聚在一起討論的會議室，也夠容納十幾個人，我們把會議室安排在公司格局的邊邊，因為此角落有窗，光線明亮，開會才有精神。另一個最友善的規劃，是訪客不用繞過工作區，直接進出會議室，一來不會影響設計工作，二來客戶的設計案件也不會被人看光光。

| 小型成果展示區 |

　　一進公司大門，就可看到一展示架，在架上放一些作品，並隨時更新一些新作品，除了可以點綴室內環境，還可以鼓勵設計同仁，嚐一嚐被選上架的滿足感。有時與客戶討論到某類型的案例，可以馬上看到實際成品，增加溝通品質。偶爾回顧一下這些架上的作品，說不定仍可看到一些小盲點，提醒自己下次可以做得更好。

　　設計最大的成就感，就是眼見自己所創作的東西變成流通商品，只要是歐普所出品的設計，我們全都收集，除了門口的展示架外，便陳列展示在這英雄臺上，不只跟外界比，我們也讓每個作品進行內部評比，看看下次是否還有成長的空間。

迎賓展示架。▲　▲林立於各牆面的展示平臺。

| 恬腳藏書閣 |

　　歐普沒有影音休息室，也沒有舒壓運動房，我們在擁擠的書櫃旁，留一張小梯凳，可以讓你爬高取書，可以讓你坐下翻翻書，任意讓不用花錢的陽光，灑滿你全身，陪你一下午。

　　以前買書是用來參考別人的設計作品，以便提升自己的水準與國際接軌，而近年來網路上的資訊，豐富又多元，就少仰賴紙本的圖書資料了。歐普累積下來的文本圖書，提供了我們對質感的體驗，以及裝幀的豐富層次，這些手感的體驗，是數位網路資料沒得比的。

是梯也是凳，爬高找資料，坐下找知識。▲　▲今天的準備是為了明天的需要。

多年來歐普累積並收藏很多專業的圖書，有設計圖鑑、工具書、專業期刊、學術論文、中外設計雜誌、各國年度郵票冊、設計出版品、人文叢書以及各校歷年的畢業專刊等。目前累計約近2500冊，還不包括數位圖庫的材料，這些都是這家公司的有形資產。設計業是一個需要大量資訊的產業，今天的準備是為了明天的需要，我們還會持續準備下去。

| 轉轉檔案櫃 |

小公司在有限的空間內，都會想盡辦法把任何東西塞滿收藏好，但為了要藏好這些資料，若去承租更大的空間來儲存，這樣勢必又會增加營業的成本，資料的保存變成是很多公司的負擔，我們在十幾年前買了轉動式的儲存櫃，把資料儲存立體化，節省了很多空間，而在檔案櫃的外側，就是我們的海報收集展示牆、展覽資訊牆、作品發表牆、公佈牆，還有各校新一代畢展海報牆，能上這牆面的海報當然都是一時之選。

| 與大師一起工作 |

很多人或是公司都會收集一些大師的作品，增添一點大師氣息，平日大師贈與或是交流、交換而來的大師作品，將這些經典佳作掛在牆上，除了嚮往大師風範，也能美化公司，添加一份設計味，

最下列的一幅「永井一正」的海報靜靜地掛在牆上陪我們工作，當
創意遭遇瓶頸時，可以抬頭看看永井先生的作品。他都不累，我們
累什麼！

▲櫃內資料夠雜，櫃外資訊也雜。

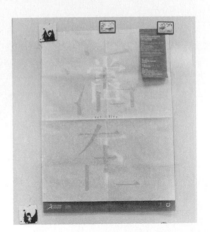

▲大師在我們身旁，我們累什麼！

歐普空間 / 外在

| 小門面隨意玩 |

　　一般設計公司的招牌都設置在自己樓層的外部，因為我們所處產業就無需直接面對一般消費者，故沒必要在大街上立牌推廣形象，歐普的小招牌就在出電梯的正前方，如沒有加以活化，其實沒有什麼需要，我們也曾給這個小招牌換季，讓它掛在牆上更有存在的價值，除了應景也可適時提醒一下，現在是什麼節氣了，我們要跟得上社會氛圍，不能關起門來，自己玩自己。

▲歐普的招牌會隨著節慶換季。

▼路過歐普請上來坐坐。

| 發呆椅 |

　　廟前總是擺一對石獅，以顯威武，有些庄頭擺些石敢當，可以壯壯膽，歐普門前的兩把老式沙發，什麼都不是，也沒有任何意義，沒事可以坐在這兒發呆放空，就是很隨意！路過上來隨便坐坐，別客氣。聆聽一場有質感的音樂或戲劇，都要求提前 15 分鐘到場，事前可以整理一下自己的情緒，好好享受這一切。同仁待在公司的時間很長，如來去匆匆，長期下來就會對這環境感官弱化，在門口擺上沙發，可以先讓訪客在這裡放鬆心情、隨意聊聊，再進會議室聊正事，同事上下班也可以先坐下聊兩句再走。

| 胡同內的小門面 |

門面門面，一個公司的門面要怎樣才算是夠門面？歐普只有門，但並不太體面，設計人很想要的是空間，有些客戶更愛的是門面，這些我們都沒有，但是我們打掃得很乾淨，我們給設計空間，更給客戶的商品好門面。

每過幾年公司就會大搬遷一次，硬體的遷移及擺設最難處理，每個地方的格局都不一樣。總是優先將工作區域劃分好，才來做些微裝潢，沒有華麗的裝飾，就自己畫畫擺擺，入門的玻璃屏風，除了客人來不會直接看到工作環境，還可做點小裝飾，在毛玻璃上貼上半透明的卡典西德字，將公司理念表明於此，雖看不清，但常在我心。

▲胡同內的小門面。

▲玻璃屏風貼上了半透明的歐普心語，雖不明顯但已在歐普人心中。

資料處理

| 歐普橘色檔案 |

資料的系統化建檔是一件繁瑣的工作，有時認為是在浪費時間，而歐普就是那麼傻傻地一直在做，我們可以隨時調閱系統內任何一個工作的時間及成本，讓

▲有些活躍設計業中的人，曾被收錄在這橘色檔案夾內。

我們更客觀地去檢視商業設計的產出價值，以評估自己的競爭優勢在哪裡，讓設計者及客戶相互找到自己的需要。

檔案資料的建置及維護管理，需要花費不小的人力及財力來經營，從手工稿到電腦化的過程，歐普幸運地成功因應並轉換渡過，在設計工程中的檔案資料，我們累積了近 1600 片的光碟資產，這些都是寶貴的經驗及經歷的印證，也因此，只要是歐普經手的重要電腦檔案，再久我們都會留下。

　　每位新同事進歐普工作時所填寫的人事資料，一份一份都被保存了起來，每次在整理時都會再拿出來看看，看看這位同仁從進來至今的進步程度，這種客觀的資料是一份很好的稽核參考。每一份「歐普橘色檔案」內，有人事基本資料、雙方的協議、個人簡歷、作品集，還有當時筆試的草稿及色稿，這些資料將被好好保存著，檔案中已有多位是目前少壯派的指標人物。

| 從肉眼到電眼的作品編類 |

　　歐普的作品收集編類，從以前的正片到現在的數位化建檔，在歸類儲存上確實不一樣，公司愈開愈久，作品也愈來愈多，儲存目的除了記錄公司的成長，最重要是方便日後的取用，歐普是屬於綜合性的設計公司型態，設計工作內容也很多元，時至今日作品總數約 1500 件組的創作數量，這些資料建檔需要在一開始就規劃好，分產業、分客戶、分設計形態等，日後方能依序歸類存取。

▲從目視到電腦索引的作品編類。

　　檔案的歸檔不是將資料儲存好就完成，是要讓以後的人在使用時，能更方便、更有系統地取用。在如茫茫大海般的光碟片中如何快取，就必須要有系統地整理。歸檔就像在開抽屜一樣，一層一層往下開，我們製定了工作結案後的檔案整理方式，就是為了方便日後他人的取用。

　　資料的儲存空間永遠都不夠，從早期紙本資料的整理，到現在數位化資訊的整合，歐普的數位儲存也從早先的 64M 到現在的 8G，資料的整理或許永遠也用不到，但萬一需要時，我們可隨時搜尋出來，有時一件完成的作品，其過程中所發生的事情反而比結果還重要，這些在歐普的內部檔案都可以找到答案，因為我們都將燒錄並永遠保存下來。

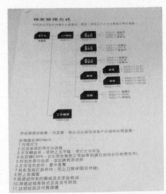

▶檔案整理不儘是為了自己方便，更是為了往後其他同仁查找資料的便利性。

▲歐普的寶庫。

歐普人

| 交流互動 |

　　新年開工，創意不打烊，創意人雖然身體放假，但腦袋永遠不會停下來，春節後上班第一天，接踵而來的工作、討論、開會絲毫沒有因為假期而停頓，時間就是商機，客戶將工作放心交付給歐普，我們更不能擔誤客戶的商機，感謝歐普人，開工紅包請笑納。

▲歐普20 週年的標誌。

其他人的貼文 ›

歐普設計 UPcreative 用心追求商業設計的價值
12月21日‧倒數100日 🌐

歐普25週年慶倒數破百，在社群內開始倒數，每日分享一些設計二三事，很快也過了144天了。自從歐普20週年慶後，我們就沒那麼慎重地處理自己的事，然而在這些天數裡，我們從每日的分享中整理並回顧，其實我們也利用這個機會梳理了一下，長期歐普存在的一些小問題，這個團隊很棒，耐操、能做、堪折磨，打不還手罵不還口，這就是歐普魂。

3,968人看到這則貼文　　　　　　　　　加強推廣貼文

3,128 個讚　122 則留言

👍 讚　　　💬 留言

歐普設計 UPcreative 用心追求商業設計的價值
12月20日 🌐

3,123人看到這則貼文　　　　　　　　　加強推廣貼文

2,139 個讚　125 則留言

👍 讚　　　💬 留言

歐普設計 UPcreative 用心追求商業設計的價值
12月19日 🌐

| 善變善辯的設計人 |

設計人愛善變更要善辯，每天接觸來自於不同的產業設計案，我們不能只有守著自己喜歡的業種或是自己的風格去面對工作，一個「對」的商業設計案是要以市場銷售為依歸，因時間與空間的推移，造就千變萬化的市場。這時變是不變的法則，唯有自己改變才能往「對」的商業設計靠攏。時時以客觀的視野去思考設計的變化，並隨時充實各種社會資訊，貼近流行，加強自己善變的說服能力，要辯得好、辯得巧、辯得有理，辯得對方心服口服，這個功夫可要下得深。

| 誰準備好了誰就上場 |

公司小，同事的向心力就需要大，如說社會是個競技場，那公司就必須把每一位競技師，磨練出足以對抗外力的肌肉，那麼這群競技師就自動變成一組競技團，雖然每個人的資歷都不一樣，但只要是有機會，誰準備好了誰就上場。

在群體中要找出領頭羊來帶領大家朝同一方向前進，在工作分配中，老鳥搭配菜鳥一起創作，共同執行，而在創意討論中以公平客觀的態度來看待每一個人，讓老鳥知道哪裡不足，讓菜鳥知道哪裡不夠，交叉支持共同完成一個案子，如有機會，儘量把舞臺讓給

同事。誰不期望公司的同事在自己的領域出類拔萃，這些隱藏的能量就是公司整體的軟實力，鼓勵及支持同事在自己的喜好上努力，是公司在有限的資源上可以幫的一個小忙，然而若發現同事私領域的表現與實際工作上的表現成反比時，公司雖然關注每個人向上發展追求所愛之事，但從另一個角度來想，公司是營業體，追求的是成果，公司體制更不能因人而異，也沒有理由無償地去培養這樣的人，這問題顯然已不是體制的單線問題，是彼此之間的一個信任及為自己負責任的問題，無論結果為何，歐普還是樂觀其成，希望每位歐普人能發光發熱。

▲公司同事接受專刊媒體採訪。

｜進來會議室一下｜

上班族在朝九之前，晚五之後，時間是屬於自己的，可以自由分配自己的時間。歐普在 12 點到 1 點半之間，屬於非工作時間，同事如想大叫、想扭腰，或是想躺在地上打滾，只要你想，絕不會有人阻止你。公司從不會去過問同事工作時間以外的私事，午休時間起身到戶外曬曬太陽順便用餐，或是利用短暫的時光，上上網與雲端的朋友聊上兩句，並了解一下世界大小事，這樣，因為下一個挑戰已在等你。

「進來會議室一下！」通常同事都會很忐忑，不知老闆要說什麼？也許只是聊聊天，談談近來表現，但進會議室總是給人正式的感覺。平常大大小小的討論很多，而會議室又是一個讓人不自在的地方，那在公司內是需要一個小的會議桌來因應這需求，來來，來小圓桌討論一下，這聽起來不就輕鬆多了？其實每天同事在公

▲小圓桌會議。

司內的時間不算短，如能放下壓力，或是去營造輕鬆一點兒的氛圍，對大家都好，不是嗎？

｜員工福利是公司的行事曆｜

公司員工旅遊是福利？還是制度？當然是公司制度之一，但講制度就太沒有感情了，雖然制度明列規定，但彼此如都用履行義務的角度去看這件事，那就太沒意義了。在大環境不佳，公司營收需面臨太多不確定的因素下，偶爾出國放鬆彼此慰勞也是應該的。福利是大家掙來的，今天公司鼓勵員工，員工支持公司，福利絕對「與日俱增」。

▲玩的開心工作才能順心。

　　除了員工旅遊，每年年終慰勞辛苦一年的同事，大家聚聚彼此了解一下是很重要的行事曆，歐普有一個好玩的習俗，就是每人抽籤，抽出一位同事，你就是他神秘小天使，而誰也不知你抽到誰，誰也不知今年誰會送你什麼禮物。這時你要發揮創意去尋找一份為他客製化的禮物，這個時候就知道平時要多跟同事聊聊，免得不知對方需要什麼鼓勵，而更難的是我們會定出禮品金額的上下限，今年過得好不好，小天使要為你的主人好好選一個開運禮。

　　尾牙聚餐是慰勞同事一年來為公司的付出，今晚歐普人齊聚一堂，不談工作純娛樂，今晚之前的一切歐普事，都將隨著這杯敬酒下肚隨它而去，大家期許的是，明天以後的歐普會更好，這是一個像大家庭的環境，除了大家辛勤地在此工作打拼，更重要的是歡樂地相互成長，終究同事只是一時的相聚，有共同的理念才是永恆的回憶。同事歡聚可培養大家彼此間的默契，在美食佳釀的氛圍下，彼此更可談心、共同分享，這是最好的公司員工互動方式，獻上歐普設計的美食郵票，藉著紅蟳米糕與各位分享。

　　公司人多了，同事間難免會分族群，物以類聚是人性本質，談得來的分享工作經驗，共同去外面學習成長，都是一件好事，我們樂見其成，公司立場是保持中立、絕不參與，但如有負面競爭的事

▲因為企劃美食郵票，認識了餐廳老闆，尾牙再來
一道紅蟳米糕

發生，我們將對事不對人地來處理，終究在同一個環境內
生活工作，一切規則及公司律例，都是依情理法的共識
價值而互動，物以類聚的本質是好的，就隨其良性的發
展，成熟的互動將會對公司產生助力。

▲敬酒一杯感謝各位的辛勞。

4

歐普最愛

　　好的客戶讓你上天堂，不好的客戶讓
你住暗房。沒日沒夜爆肝工作，好像是設
計人的生活側寫，其實並不是，只是自己
把設計創意工作苦命化，當你用什麼信念
去面對你的工作、你的客戶，其回饋給你
的就像鏡子般清晰。與客戶的互動重點在
於「收服」，用你的專業為他著想，用你
的經驗為他解決商業上的問題，大家互利
結果都能快樂地像天堂；如用不對方法，
總是主觀想用設計去解決並「說服」對方，
就算爆再多的肝，日夜倒置不見天日地工
作，也只能乖乖地處在暗房！

客戶至上

常聽到出社會要經營個人的「人脈存摺」，公司同樣也需要去經營公司的「人脈存摺」，不必刻意去拉關係攀交情，一切就是「用心對待」。設計產業，對上，只有一個客戶；對下，卻有成千上百的協力單位。客戶只看結果，然而常為了成就一個好創意，在事前及事後都有不同的功課需要我們去完成，客戶只看結果。工作是死的，完成工作的人才是活的，靈活善用公司的「人脈存摺」，這關係將會是順利完成工作的最佳工具之一。

歐普的經營理念，一直以來十分執著於商業設計的領域，矢志給予客戶最專業的建議，創造適合客戶及最獨特的設計方案，雖屢獲國內外多項大獎，但這份榮耀是客戶及歐普團隊所共享的。歐普深知商業設計必須回歸商業的本質，在以行銷為概念的企劃下，以專業的視覺涵養，創造最有效且獨特的概念，達到最有力的視覺效果，讓客戶獲得最大的商業利益。

商業設計行業，說大不大，說小不小，且有很多從業人員，一些老派經營的設計公司，彼此都認識也常交流，慢慢地就瞭解行業內的一些潛規則，大家不用說開，但總會保持那個分界，知道哪個

行業某人做得很好，或是某企業長期以來是某位設計朋友在服務，彼此會刻意地避開，更不會主動去接觸那個客戶；一位設計師能做多大？一個設計公司能接多少案子？這行業要受人尊重、受客戶器重，是件辛苦且不容易的事，但最後是行內人不尊重圈內人，你說誰會尊重這行人？

▲任何榮耀都是客戶及歐普團隊所共享。

　　每間公司所經營的專業，到最後都會回歸到幾項專精的領域發展，業界有很多人專精某特定領域，如包裝、品牌、形象、展場等，這都有市場需求，歐普發展的過程中，從初期的綜藝型，什麼都做的過程中走來，隨著時代的工商發展腳步，現在專營於品牌、包裝規劃及一些設計中延伸的範疇裡。

　　有一項歐普一路走來始終如一，絕對不做—競選設計及房產廣告，因為這些都是買空賣空、無法預知的商品，那些設計作業流程我們也自知配合不來，不如不做，以免壞了別人也壞了自己！

　　每天設計人都靠著自己的專業在幫客戶解決問題，解決問題的同時也會產生一些新問題，這時就要由資深的設計師或是總監級的人來解決，若仍無法處理，就需要尋求外部更專業的單位，如印前輸出、包材供應商、印刷後加工等，來共同解決問題，最後綜合各方意見所提出的方案，才能真正協助客戶解決問題，不會只提出創意十足的預想圖，卻是實際上無法執行的空中樓閣。設計的價值在於解決問題，大家都知道，然而大家都做得到嗎？能力、經驗、經歷、專業知識的積累等，這些都可隨時間慢慢增強，唯獨「**態度**」是成敗的關鍵。

其他人的貼文 >

歐普設計 UPcreative 用心追求商業設計的價值
3月27日·倒數5日 🌐

give me five
設計人是很容易感動的，
愛設計喜歡挑戰，
再困難的創作過程都能熬，
當自己的創作上市後，
就像懷胎陣痛，
小孩出生就只有喜悅，
商業設計公司的工作，
每天創作宛如陣痛，
而當成果完成上市後，
只要輕輕的一句鼓勵，
就是我們創作的動力。

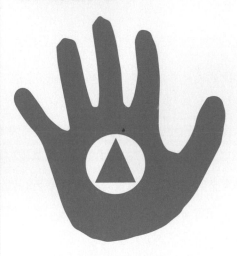

3,310人看到這則貼文　　　加強推廣貼文

3,010 個讚　230 則留言

👍 讚　　💬 留言

歐普設計 UPcreative 用心追求商業設計的價值
3月26日 🌐

| 守成老客戶 |

　　歐普鮮少由業務人員主動帶著作品集到外面去開發客戶，我們的客戶大多由客戶朋友介紹而來，這些幾十年的老客戶，都瞭解彼此需要什麼。其實並非我們不愛開發新客戶，而是在開發過程中往往大量消耗了我們的資源，從見面到彼此了解，其中資料的匯整及報價整理，有時一談再談，甚至於要現場説出解決方案，為了應付這些，常常占據我們大量的時間，甚至影響我們手上的其他工作案。由於開發新客戶必然得全力以赴，不如讓我們把這精力用在現有可掌握的客戶案子上，其成果將是皆大歡喜，又何必浪費時間在不可掌握的事情上呢？

　　在客戶的開發與應對上，我們向來尊重對方的決定，除了報價上以我們為主，再來就是客戶自己的抉擇了；工作的進度，我們以客戶為主，快慢緩急客戶自己會去調整●。案子進行中有太多變數，非外面的協力單位能了解，但過程中我們會盡力以專業加以協助，而在工作的步驟中需學會等待，因為大多數的客戶背後都代表著一個企業、一間公司，一定會優先以自身利益來考量，從設計費用高低到工作急緩，唯有客戶最清楚他要什麼。

　　同樣的歐普也是公司組織，也有自身的經營考量，唯有耐心等待讓彼此的需求漸趨一致，這樣的合作才能理性客觀地向前行。我們客戶中有一些是大型的綜合廣告代理商，在專業分工的流程中，廣告公司會視情況將一些對他們而言較沒有利潤或是較不熟悉的設計工作外發，在商業設計行業中算是正常的行為。現在很多公關公司、媒體策略公司也都跨行進入綜合廣告業，身處廣告戰國時代，無論廣告、媒體、公關如何跨行，設計工作永遠是需要的，歐普也與這些行業有多年的合作經驗。

| 經營新客戶 |

　　前面已提到，歐普鮮少拿著作品集去開發新客戶，因為要開發一個客戶，有多種面向需要去思考，必須讓客戶看到你的「價值」而不是「價格」，而在未合作之前，價值是不易被彰顯出來的，也因此，首次合作往往最後都妥協於價格。

　　歐普在開發新客戶的速度很慢，因為客戶慕名而來只是個開始而已，待歐普與客戶接觸後，瞭解了他們的需求，歐普會誠懇評估，再向對方說明，什麼歐普能做，什麼歐普不能做，或是依我們對這次工作需求的理解，提供怎麼做會更好的建議，讓客戶來決定是否

要找歐普合作。在經歷長達半年以上，五六回合的深度訪談，彼此都很滿意，也達到預期的成果。「雙贏」是長期合作的開始，因為我們瞭解客戶的需要，這就是價值。

在彼此尚未合作之前，客戶看到的都是已發表上市的作品，然而每個案例背後都有一個故事，光看作品無法了解，所以我們的責任是幫客戶瞭解自己所要找的故事類型，而不是別人的故事。有些客戶很在乎你是否同時服務同類型的競爭廠商，在商業機密的限制考量下，有時就必須放棄其中一方。歐普如果正好接觸到同類型的客戶，我們都會主動表白，目前我們服務的同類型廠商有哪些，如果新客戶不介意，才能繼續合作，如因某種理由而有所顧忌，大家將保持連絡，等待下次的合作機會，事先把事情說明白，免得日後產生不必要的困擾。在同類型的客戶相衝突而必須做出取捨時，歐普將會選擇老客戶，因為他是我們共同成長的伙伴。

拜訪新客戶時，對方常問：你們有沒有做過某某產業的經驗呀？說實話，有很多產業歐普都沒做過，而我只能說：現在的產業發展太快了，我們一定會努力跟上。有些客戶是擔心你有做過相關產業經驗，因此做了 A 家，B 家就不找你，也有的客戶喜歡找曾服務過跟自己產業相關的設計公司，一來他們也比較能分辨出作品好

壞,再來,設計公司瞭解這產業的特性,溝通起來較順暢。偶爾會發生有經驗也做不到,沒經驗又不給你做的情形。總之,見多了就不會強求了,因為球不在你手上。

我們與新客戶初次接觸時,事前會充份的準備應對,在簡報當中,除了傳達自身的長處或特質,話中不能全是最優、最好、最厲害等主觀發言,必須很中肯、誠實地說明自身曾犯錯的經驗或案例,可以讓客戶更客觀了解,歐普用什麼態度去面對未來類似案例的問題。

▲沒經驗的商品我們用經歷來面對。

　　任何商業設計案，雖然事前都經過謹慎的規劃與評估，但在上市後的成績如何，誰也說不準。多年以前歐普曾設計過衛生棉的商品包裝，然而表現平平，近年有機會幫新客戶更新原始的包裝，在後來的銷售業績上，客戶很滿意。如說我們對這產業經驗豐富，其實也沒有，我們只是很認真，有經驗、沒經驗對歐普而言是沒有意義的，因為每個案子進來，我們都當成沒經驗，從頭學習，這樣我們才能在沒有包袱的情形下為客戶帶來最嶄新的創意。

　　360 行誰有辦法行行都碰觸過？現在很多新興的產業，已不是單一的設計就能統包。對歐普而言，不論哪個產業、哪個客戶、哪個案子，我們都是會重新規劃，因為設計就是要創新，不論新、舊產業所追求的也都是創新。

▲有經驗或沒經驗的案子，我們都會重新來過，創造出新的元素。

▲再一般的商品，我們也會努力
的去詮釋它的價值。

「業務」與「企劃溝通」

| 業務身上的「歐普氣質」|

各行各業的業務人員都有一種專屬的行業特質，除了氣質外，最好辨識的就是服裝儀容，歐普對於公司對外溝通的人員，在要求上，以套裝為原則，嚴禁穿著會露出腳趾頭的涼鞋，另一個外出的基本配備就是個人名片及筆記本。除此之外，別無它求。因服飾的要求是對客戶及對自己職掌的一種尊重，配備的要求是一種禮貌，也是工作必備的工具，別小看這些龜毛的要求，這身行頭配上歐普人氣質的總合，就是專業的象徵。

業務開發是要往廣度還是深度去開發，端賴各公司發展主軸而定。歐普以綜合設計起家，初期是以廣度為開發重點，早期臺灣眾產業都欣欣向榮，任何產業皆需要設計服務，也因此我們累積了很多產業及很多項目的經驗。時間久了，在品牌及包裝策略上積累了豐富的案例，慢慢地就往深度發展。

再從開發客戶的成本來看，每天忙於開發新客戶，成本相對很高，然而，一個新客戶開發進來，合作得愈多，服務就愈深，彼此都會獲得好處。

　　白紙黑字的估價單，只要是由歐普開出並經主管簽名後，就是我們的承諾，上面明列工作內容、報價及雙方的權利與義務，在某種程度上具有法律效力。商場上講求誠信，有次業務人員在估價單上金額部分少打了一個零，雖即時向客戶反應，但客戶已上呈，即使工作尚未展開，我們不做就不會虧損，但我們還是照開出的估價單金額來承製完成，因為這是我們在管控上的疏失，不應將問題丟給客戶。

| AE 入門「355」|

　　歐普除了設計人員的編制，在客服部的人數也接近設計人數。我們在作業上較倚重前端的企劃溝通人員 (Account Executive, AE)，在工作正式展開前，客服人員花了很大的心力在處理業務流程及行政事務，是為了能更精準完成客戶所交付的工作，所以在企劃溝通人員的培訓及遴聘、升遷，勢必比設計人員更嚴謹。

　　歐普的員工手冊內清楚列出客服部門分為五個級別，每個職級都列出同仁需達到的工作要求，方能升，並以「企劃溝通之能力要求表」來做為審核標準，表中列出 30 項工作處理能力，能讓初階的客服人員了解他們的目標在哪兒，一步步地學習成長。

　　一位企劃溝通人員的養成必須花很長的時間，而且結果還會因人而異，不像設計有具象的視覺文件可以溝通，彼此在認知上不會相差太遠。企劃在與客戶溝通時，隨時都會接到客戶的新指令，有時光聽到一句話而沒有理解背後的目的或意義，再轉述出來就會失真；這些溝通協調的細微之處，沒有像設計工作那樣具象，所以很難在訓練上精準地給予協助。

　　怎樣才能勝任企劃溝通這個職位？其實不一定是學有專精的人，曾在歐普擔任過企劃溝通的人，各科各系的人都有，未必具備相關的經驗。總結，歐普要求企劃溝通的入門檻就是「355」—用心、機伶、熱忱三特質，告訴他五件事，五分鐘後再問時能清楚說明之，很簡單的「355」，但並不容易做到。

　　企劃溝通人員是公司與客戶之間相當重要的一環，他們的任務很單純，就是把客戶所交付的責任訊息帶回來，把我們解決問題的創意設計提給客戶，在專業工作流程中扮演著極為重要的樞紐。一位好的企劃溝通人員必須學習不以個人的好惡去看事情，並站在客戶的立場來解決問題，此外更重要的是要學會以消費者的角度來看創意良窳。

　　總之，要做好企劃溝通的工作，首先必須學會做到「聽清楚」，不懂的地方要「問清楚」，訊息整合完了要「講清楚」，任何溝通過程都要「記清楚」，下一個步驟要「想清楚」，不要隨意加入個人主觀或是想像的言語，而誤導彼此的意思。凡事用心去做，不怕不會，只怕不想學。

　　企劃與設計的關係就像雙手，一手 Hold 外面、一手 Hold 內部，有 AE 的訊息整合及正確過濾資訊，設計人做起來更精準，而非流於形式上的元素及色彩的堆疊。除此之外，成本的管控也是企劃人員最重要的工作之一，設計人執著的精神，在公司的經營上，有可能會是一場災難，適時地踩剎車，更是 AE 的工作中相當重要的部分。

▲由品牌到包裝設計，企劃扮演重要的溝通橋梁。

設計收費

｜價格與品質｜

在商業合作上，大家除了追求彼此的成長外，另一個就是在尋找雙贏且互利的商業模式，歐普對於每個設計案件的創意產出都是盡心盡力尋求雙贏，往往提出的創意方向，不只要能符合客戶的需求，有時還會因為我們的用心創意，激盪出另一個新的營銷想法，並獲得客戶的認同與支持。因此，為了回應客戶對歐普的信賴及支持，我們會主動在專案合約上註明，如同一次提案工作中，因客戶業務需求一次選定兩個方案以上，在第二個方案的設計費以八折來計費回饋客戶，達到雙贏及感謝支持的友善回應。

客戶常說：「你們公司的報價比別家貴一倍。」是呀！但歐普敢保證一定物超所值。外面比我們收費貴十倍的公司也有，比我們便宜十倍的也有，每家公司有每家公司經營專項及經營的成本，同樣的，每個客戶有每個客戶自己的預算及對設計價值的認定，這是個自由市場，誰也沒辦法說貴或不貴，雙方選擇了哪個合作伙伴，就彼此好好把事情做好，不論多貴或多合理的費用，只要雙方滿意接受就好。

設計工作長期被定義為創意服務業，但又收不到服務費，為何？因為餐飲業所提供的服務是可立即被看到的，而設計及創意則是抽象的價值，一般人可能會用「一張 A3 的彩色影印才多少錢？電腦上抓一些模組再填上色彩，要多少錢？」等方式來衡量設計的價值。

設計產業果真是這樣來衡量價值的嗎？我們提供的「設計創意」及「技術服務」，這兩項工作雖然抽象，但絕對比一客頂級牛排還更能滿足你的需要。只是長期以來，設計產業的軟性服務，都被當作附帶的工作，而得不到應有的價值回饋，如要被客戶尊重並看到設計服務的價值，我們就得先學會尊重自己的設計價值。

| 議價 |

議價的工作通常是設計人最不願去面對的事，大部分的客戶普遍都有「不議白不議」的心態，彼此玩出一套「明知你要議價我就加價」的遊戲，總是每天在上演這戲碼，浪費彼此的心力，真是毫無意義的事呀！

　　或許從商業角度來看這是潛規則，但從創作人的角度來看，就是自信與自尊的事，設計費用雖然不能代表創作的品質，但肯定是尊重創作者的一種象徵，如能創作加把勁兒，客戶加把錢，彼此不是皆大歡喜嗎？

　　一般設計行情的制定是雙方在合情合理的共識下所產生的價值，國內各大協會團體曾調查並收集臺灣設計同業收費行情，訂定了一套設計行情收費標準，有人拿來往上加碼，有人是拿來標榜自己可以低於行情來配合，無論費用高低，只要客戶高興買單，誰也沒話說。自由競爭市場，遊戲規則就是這樣，不論價格，只要能給客戶帶來好處，那就皆大歡喜，品質跟費用是否成正比，就讓客戶親身體驗吧！

　　右頁是大陸設計師整理的一份國外的設計行情表，大家參考看看，臺灣的設計服務定位在什麼位階，整體的服務水平能收多少費用，然後就各憑本事吧！

　　附帶一提，如創作者夠份量、夠專業，以後議價的事就由創作方來主導，誰說議價只能議低，不能議高！

據 2009 年設計行業調查顯示（調查於 2010 年執行），在英國約有 23 萬 2 千名設計師。相較於 2005 年，令人難以置信增幅達到了 29%。如今（參照 2010 年調查結果），保守預測該資料的增幅蔚為可觀。

他們在做甚麼？

調查顯示，23 萬 2 千名設計師的分佈比例為：

自由設計師：65,900 名（佔 28%）

設計事務所：82,500 名（佔 36%）

機構內部設計師：83,600 名（佔 36%）

同一份報告顯示，2010 年英國設計行業總收入為
150 億英鎊（臺幣約 7500 億）。

比例為：

設計事務所收入：76 億英鎊（臺幣約 3800 億）

自由設計師收入：36 億英鎊（臺幣約 1800 億）

機構內部設計師收入預算：38 億英鎊（臺幣約 1900 億）

150 億英鎊可謂一個龐大的數字，然而其中不乏為數不多的大宗設計項目。事實上，英國的設計業仍以非常小宗的業務為主。幾乎半數以上設計工作室的年收入低於 5 萬英鎊。年收入高於 50 萬英鎊的事務所僅佔 6%。

英國設計業收入比例：

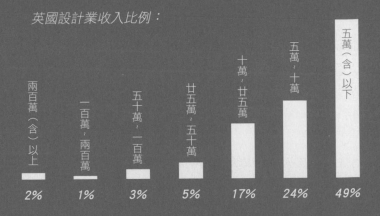

兩百萬（含）以上	一百萬~兩百萬	五十萬~一百萬	廿五萬~五十萬	十萬~廿五萬	五萬~十萬	五萬（含）以下
2%	1%	3%	5%	17%	24%	49%

2010 年英國設計事務所年收入組成：

當我們談論設計在其領域發揮的作用時，總是有著這樣的連鎖反應 - 我們談論的是一個鬆散且多樣化的行業，該行業相對獨立，但相較於其他行業，投入資金比例微乎其微，如：在考慮行業技能，培訓及專業發展時…等等。

　　但是並非所有的設計公司均為小型或是經濟拮据的。每一年 Kingston Smith W1 公司都會統計收入前 30 名的英國設計公司。去年，他們的總收入為 3 億 1 千 1 百萬英鎊。想像一下，2011 年 8 月底時的總收入僅為 4 千 6 百萬英鎊。當然，這 30 家公司的員工聘用人數也排在了前 30 - 430 名之間。

　　Kingston Smith W1 前 30 名的統計顯示，工作三年以上的員工最高總收入均在 167,659 英鎊，平均員工最高收益可達到了 46,585 英鎊。

> 待遇情況：
> 2012 年設計及品牌業薪酬調查報告：
> 初級設計師：21,000 英鎊（臺幣約 1,050,000）
> 中級設計師：30,000 英鎊（臺幣約 1,500,000）
> 高級設計師：40,000 英鎊（臺幣約 2,000,000）
> 設計總監：55,000 英鎊（臺幣約 2,750,000）

不同設計類別的薪酬差異無幾：

　　據 2011 年設計週薪酬調查（Design Week 2011 sa(ary survey）顯示，平面印刷行業設計師的平均收入最低，包裝、展覽、室內、品牌設計師的收入相對較高，但也僅在 10%以內。引人注意的是，

倫敦市區以外數位設計師為收入大贏家，較之於上一年，平均增幅為 19%。總體水準：倫敦設計師的收入較之首都區外的設計師仍高出 10% － 15%。平面設計（設計的窮親戚），2011 科洛夫邏特設計薪酬指南（2011 Coroflot design salary guide）比較了 2006 － 2011 年間美國所有設計行業各個領域的薪酬水準，平面設計的平均收入為最低（3 萬 3 千 5 百英鎊），管理人士的最高收入為 6 萬英鎊。在這 6 年間，平面設計師的收入，平均每年比上一年同期跌幅幾乎達到 2%。

　　美國的設計師收入更多嗎？ 創意集團，佩蘭迪亞 2013 年調查（Paylandia 2013 survey）顯示（2012 年，根據設計師從業經驗收入水準）：

平面設計師：
1～3 年：23,500 英鎊 - 33,000 英鎊（臺幣約 1,175,000 － 1,650,000）
3～5 年：30,500 英鎊 - 43,000 英鎊（臺幣約 1,525,000 － 2,150,000）
5 年含以上：38,000 英鎊 - 52,000 英鎊（臺幣約 1,900,000 － 2,600,000）

網路設計師：
1～5 年：33,000 英鎊 - 48,000 英鎊（臺幣約 1,650,000 - 2,400,000）
5 年含以上：47,000 英鎊 - 65,000 英鎊（臺幣約 2,350,000 － 3,250,000）

創意總監：

60,000 英鎊 - 78,000 英鎊（臺幣約 3,000,000 - 3,900,000）

8 年含以上：61,000 英鎊 - 106,000 英鎊（臺幣約 3,050,000 - 5,300,000）

AIGA / Aquent2012 薪酬調查：

印刷業設計師中等水準收入：28,000 英鎊（臺幣約 1,400,000）

網路及互動設計師中等水準收入：35,000 英鎊（臺幣約 1,750,000）

創意總監中等水準收入：63,000 英鎊（臺幣約 3,150,000）

　　設計師所在的地理位置也相當重要。在紐約市，一位有著 3 ～ 5 年工作經驗的平面設計師，其工作收入為 43,100 英鎊 - 60,100 英鎊，而同樣的工作，在孟菲斯市，收入卻僅有 29,000 英鎊－ 40,500 英鎊。

　　來源：佩蘭迪亞 2013 年調查（Paylandia 2013 survey）。

我應該搬遷至澳大利亞嗎？

在那裡我是否能夠賺取更多酬勞？

無此必要。

澳大利亞設計師年收入：

個人設計師 :37,000 英鎊（臺幣約 1,850,000）

設計業主 / 合夥人 / 法人 :69,500 英鎊（臺幣約 3,475,000）

創意總監 :69,000 英鎊（臺幣約 3,450,000）

高級設計師 :45,500 英鎊（臺幣約 2,275,000）

中級設計師 :32,300 英鎊（臺幣約 1,600,000）

相較於其他行業，設計師們認為自己的待遇並不優渥。

建築（資料來源：Adrem 2012 建築業薪酬指南 ）：

0 ～ 3 年經驗 :33,000 英鎊（臺幣約 1,650,000）

3 ～ 5 年經驗 :38,000 英鎊（臺幣約 1,900,000）

高級建築師 :45,000 英鎊（臺幣約 2,250,000）

項目總監 / 副總監 :60,000 英鎊（臺幣約 3,000,000）

記者（資料來源：英國記者協會）

實習記者 :12,000 - 15,000 英鎊（臺幣約 600,000 - 750,000）

初級記者 :15,000 - 24,000 英鎊（臺幣約 750,000 - 1,200,000）

高級記者 :22,000 - 39,000 英鎊（臺幣約 1,100,000 - 1,950,000）

編輯 :50,000 - 85,000 英鎊（臺幣約 2,500,000 - 4,250,000）

（地區報刊及雜誌，國家級報刊及消費群體眾多的雜誌薪酬則更高）

行銷

實習生 :21,000 英鎊（臺幣約 1,050,000）

數碼市場經理 :37,000 英鎊（臺幣約 1,850,000）

品牌經理：36,000 英鎊（臺幣約 1,800,000）

（資料來源：2012 行銷週刊 Marketing Week 及 Ball & Hoolahan 薪酬報告）

作為一名設計師，我會得到更好的報酬嗎？ 可能的。英國設
計師日平均收入 / 8 小時

初級設計師 :100 英鎊（臺幣約 5,000）

中級設計師 :130 英鎊（臺幣約 6,500）

高級設計師 :250 英鎊（臺幣約 12,500）

設計總監 :275 英鎊（臺幣約 13,750）

（資料來源：2012 Major Players 薪酬報告）

在世界範圍內比較？

資料來源：2011 科洛夫邏特設計薪酬指南

目前設計行業時薪：

英國：20 英鎊　　美國：19 英鎊　　印度：3.4 英鎊
　　（臺幣約 1,000）　　　　（臺幣約 950）　　　　（臺幣約 170）

德國：20 英鎊　　澳大利亞：19 英鎊　　加拿大：19 英鎊
　　（臺幣約 1,000）　　　　（臺幣約 950）　　　　（臺幣約 950）

預計的最高收入：

　　The Kingston Smith W1 也公佈了每家公司薪酬最高的總監們其收入。收入最高的是 Checkland Kindleysides 公司的一名總監，其收入在 2011 年 4 月底時達到了 174 萬 5 千英鎊。2011 年，在 Futurebrand，也不乏收入高達 58 萬 4 千英鎊的總監，而在 Design Bridge 及 The Partners，最高收入則分別為 48 萬 3 千英鎊及 38 萬英鎊。Wolff Olins, Lambie-Nairn 的則為 30 萬 2 千英鎊，29 萬 5 千英鎊。

　　我工作時間的價值是甚麼？
　　我們要求的報酬應該為多少？

　　如果您是為一個設計工作室工作，那麼你應該要求你的客戶按照小時或天數來支付報酬。2012 年，設計協會對不同行業的平均時薪進行了統計。

廣告設計 :93 英鎊（臺幣約 4,650）

標識 / 品牌設計 :103 英鎊（臺幣約 5,150）

數碼設計 :103 英鎊（臺幣約 5,150）

展覽展示 / 陳列 :105 英鎊（臺幣約 5,250）

零售 / 室內 / 實驗型設計 :105 英鎊（臺幣約 5,250）

文學 / 印刷品設計 :92 英鎊（臺幣約 4,600）

包裝設計 :95 英鎊（臺幣約 4,750）

銷售網站設計 :95 英鎊（臺幣約 4,750）

產品 / 工業 / 策略設計 :121 英鎊（臺幣約 6,000）

相較於廣告行業的情形？ 與其他創業產業相比，設計服務的酬勞更低嗎？ 2011 年英國數碼機構日薪資料（頭銜）：

總監 / 合夥人 :891 英鎊（臺幣約 44,550）

高級設計師 / 創意設計師 :744 英鎊（臺幣約 37,200）

團隊總監 :746 英鎊（臺幣約 37,300）

中級設計師 :611 英鎊（臺幣約 30,550）

動畫師 :598 英鎊（臺幣約 29,900）

插畫師 :559 英鎊（臺幣約 27,950）

撰稿人 :541 英鎊（臺幣約 27,050）

初級設計師 :494 英鎊（臺幣約 24,700）

以上平均日薪為 648 英鎊。如果平均每天工作 7 小時，則時薪為 92.5 英鎊，因此，多數設計工作室相比數碼廣告機構時薪要高。

簡報提案

作品完成後就是要出去提案,提案的方式有很多種,因著數位科技的發達,現在普遍是用影像簡報提案,提案速度變得很快,也很經濟、環保(不用像傳統的提案需要列印色稿再裱於厚卡紙上)更可以解決遠距離的溝通問題,達到設計提案內容隨傳即看的目的,雖然方便,但其中充滿著雙向溝通的風險。

此外,色偏、變形、視訊連接不上等,難免遇上出師不利的情形,為了這些無法掌握的事,我們出門前總是帶著備案應戰,無論提案的方法是否因客戶的設備而改變,我們還是習慣列印色稿。

設計表現好壞在於主觀的創意概念及客觀的造形及色彩,主觀上溝通尚可用視訊、文字、話語來表達,但客觀的造形或色彩會因彼此的軟硬體設備而有誤差。創意提案成功與否

▲精速實簡的提案輸出。

▲提案就是要發現小細節。

總在一瞬間，故需準備齊全，每個環節都很重要。經驗中最難掌握的因素就是對方的投影設備，常常因客戶的設備品質不一，產生很嚴重的色差問題。設計稿上出現色偏是一個很嚴重的問題，為了色彩的精準度，歐普花了重金選購高階的輸出設備。因為作品投影在大螢幕上時，有很多細節是看不到的。

而色稿的裱背攸關展示的效果，以前是用黑色紙板，然而因為用一次就不能再次使用，且重量太重，後來改為可重複使用的黑色塑膠瓦楞板，但有時也直接輸出列印於 350p 以上的瑞典壹級卡，可以省去裱褙於塑膠瓦楞板的時間與成本。

數位媒介愈來愈方便，數位提案的準備也愈來愈多元，其中 PPT 是最基礎的軟體。設計公司固然要有自己的形象，但提案的內容才是重點。一個畫面的訊息整合清楚明瞭就好，有提要、有視覺效果，由於透過投影出的影像會放大設計缺點，減少細節，版型的設計就是以功能為主，不必太花俏，一切簡單就好。

同樣是對客戶做簡報，卻會因人、事件與天氣狀況等小事情而得到不同的結果，至於正確的掌握氣氛與節奏，更不是件簡單的事情。最基本的簡報，除了表現出自己與作品特色外，還要會觀察在

座每個人的表情與動作，這些小細節都包含了他們內心的想法，多
注意一些，會讓你的簡報更順暢。

　　要與人快速地建立關係，就得找到彼此的共同話題，無論是
提案簡報或是參訪交流，開場白至關重要，在緊迫的時間之內，如
能再加上視覺畫面的搭配，那彼此的距離將會拉得更近，想來歐普
參訪交流的團體，我們都會事先瞭解來訪者的目地、人數及相關背
景，以便我們更精確地為他們準備。

▲上海1933創意園區參訪團的簡報首頁，即該園區的入口，此歡迎首頁不用言語就拉近兩岸的距離。

175

工作策略

| 工作習慣成為反射動作 |

　　一個習慣的養成，直至變成潛意識的反射動作，約需要 66 天 📍 的重複練習，設計工作如果能養成反射性的動作，可能不到 66 天 就可達到，而反射性的動作，對某些創作工作是不好的，這樣容易 使自己的風格標籤化，這在商業設計中是窄路一條，但在個人的創 作追求上卻又是必經之路。

　　有些反射性的動作，如能好好被應用於商業設計之中，如解決 問題的方法或是設計後製的了解及應用等，絕對有助於解決設計案 中的相關問題，然而有些經驗，並不是 66 天到了就可自然成為反 射動作，必須持續不斷地學習與練習。

📍
倫敦大學的心理教授沃迪說，不論是要早起運動，節食減肥，只要能撐過六十六天，多半就成 功了。他說，養成一個習慣，需要的時間因人而異，但是平均是六十六天。要做一件事以前， 大家都會計劃，接著就是實行。實行過六十六天，這件事就成了日常生活的一部分，也就成了 習慣了。
在他的實驗裡，他請受試的人選擇午餐時候吃水果，或是喝一瓶水，同時要求他們每天都得 做。他每天會給受試的人一個測驗，看他們什麼時候開始不自覺地吃水果、喝水。結果發現， 大約到第六十六天，多數人到午餐的時候都會不自覺地吃起水果或是拿起水瓶。

| 每個案子都是全新的開始 |

　　常說設計工作是沒有庫存品的，每一件案子完成，結案後設計人員必須歸零，待新的案子進來時，一切重新來過，不管客戶是新是舊，只要是新的工作，我們就要從頭開始蒐集資料，整合後再開始創作，沒有任何藉口，因為每一個工作所要解決的問題都不一樣，如果自恃經驗老到而太過輕忽，那創作產出一定沒有什麼突破口。最後的成果，往往從一開始就決定了，所以我們很重視每項工作的前置作業。

| 最愛「直效行銷」|

　　聖誕假期跟公司比較沒有什麼關係，因為這是員工的假日，歐普在聖誕節前倒是可以幫客戶利用這個節慶做點兒事，搭上「節慶行銷」的列車做些 SP（Sales Promotion）倒也是常有的事，另一種「音樂行銷」也常在包裝中看到。在快速消費品的包裝上加些聖誕氣氛，增加一些買氣，是投資最少但最有直效的設計品。

▼節慶及音樂行銷是快消品包裝中常用的手法。

　　店頭行銷（Point of Sales Materials, POSM）兼具宣傳效果與經濟效益，是在零售店從事各種品牌與消費者之間的溝通行銷活動，也就是我們常在賣場看到的免費試用品或試吃等計劃。並非所有促銷活動皆有大筆廣告預算支持，因此在成本的要求下，賣場 POSM 的規劃便是一個好方法。不論 POSM 內容為何，是促銷、提升品牌形象，還是熱絡賣場氣氛，最終目的是要刺激銷售，能在競爭市場的大餅中分得利益，才是促銷的實質責任。

▲▶POSM 的試用工具設計。

▲以產業特性而專屬設計的行銷工具。

　　能掌握瞬息萬變的大眾市場，順應不按牌理出牌的消費大眾，正是商品行銷的守則。以最小的投資達到最大的效益，是企業的最高指導原則，在時間就是金錢的行銷市場中，一切的商業設計都需講求有效、直接的策略。

| 設計融入文化生活 |

　　在行銷導向的市場環境中，導入企業文化以及企業理念，可以透過精準的策略定位、市場區隔與專屬的獨特性，形塑出企業的獨有價值，使企業不論在商品販售上或者消費者認同上，皆能創造出更高的附加效益。

　　歐普面對包裝規劃作業的態度，是以「融入生活的商業包裝」為策略主軸，在賣場上消費者直接面對的是包裝，而非商品本身，所以包裝的設計策略對商品定位的影響尤其顯著。成功的包裝設計不只能有效地傳達商品的特性，更能融入消費大眾的生活之中。

▼採用在地素材(燉藥包棉袋)做為商業包裝材料。

▲讓功能型變成美學型的桌曆設計。

| 品牌與企業識別策略 |

　　歐普對於品牌規劃的認知，是以「品牌形象是商品的延伸」為基調，當產品加工變成商品後，透過品牌形象的塑造及經營，其商品的附加價值將更為顯著。一個好的商品，其品牌的整體形象必將受到消費者的喜愛，因此品牌對商品的重要性，就猶如消費者選購品牌時最重要的考量，必須契合彼此的個性與特色風格。

　　歐普設計對於「企業識別策略規劃」的創意主軸，是以幫客戶量身訂做屬於自己的企業形象，在產業專業化、企業精緻化的商業時代中，各行各業都有其獨特的經營策略及生存法則，而一個企業形象的塑造並非模式化，需視各企業的經營理念及未來發展量身訂做，這才能務實地滿足企業所求，創造出獨特的企業文化美，在競爭的市場上才有其生存的亮點。

　　談到品牌，我想起了記憶庫中的一則故事：很久以前我們幫一個客戶塑立新的品牌形象，工作完成也如期上市，然而小資客戶總是四處找資源來成就自己。其找了一家顧問公司做診斷，霹靂扒拉地數落當時的規劃作品，也就是歐普公司的案子，客戶聽了立刻換成顧問公司的新方案，反正政府補助不用白不用，新案也接著上市了。然而沒多久，客戶又回頭再來找我們繼續合作，原因就不提了。

這故事告訴我們：

1. 天下沒有白吃的午餐。

2. 我們常有機會接受現有設計案，需要我們重整，我們會很科學化
   且理性客觀地去了解這案例的過去，並分析未來的可能性。

3. 我們不會因為前設計案是某大設計公司做的便趁機下手，以為遇
   到機會可以好好展現個人的雄風以揚名立萬，而抹去所有原先的
   品牌資產，重新設計，這是爽了自己而累了客戶的不成熟設計
   案，任何即成的設計，都有好與不好，好的資產可留下延用。

▶品牌形象是商品的延伸。

▲每一個企業及品牌識別都是量身訂做。

| 策略規劃 |

　　策略規劃是一個科學化的工作流程，縱使創意是天馬行空的事，但規劃就必須有一定的流程。一個品牌的誕生，設計工作只是其中的一小部分，我們擬訂並加以說明，是要讓參與品牌創造的所有人了解自己的責任及上下的關係，其中最重要的是客戶參與及所扮演的角色。

| 壓力就是能力來源 |

　　每天設計案總是在結案又進新案裡輪迴，但每個案件的產業屬性及工作內容都不相同，這樣快速進進出出，提案修正來來回回，對一個入行未深的設計師而言，就像洗三溫暖一樣，心臟不夠強的人的確較難適應，不妨就把它當作是在玩 online game 一樣，關關難過關關破，這樣或許會比較好過點吧？終究遊戲玩再久也不累。

　　與同事聊天時，大約都有共同的一些趣事發生，很多同事都回憶來歐普初期的幾個月，因為新進公司工作壓力大，晚上睡覺都會作惡夢。我聽了覺得很對不起這些同事，但於公，這件事還是要說清楚講明白，新進歐普之門，在工作的步調上的確較為緊迫，初期在試用階段，總是會要求得很嚴謹、很細瑣，而這些打基礎的基本功，在初期沒有打穩，以後將會付出代價！

時間控管

時間對於歐普而言，比什麼都重要。

在商業設計的行業裡，能有效掌握進度是最基本的要求，創作雖然要給予足夠時間，但很多商業行銷都是在與時間賽跑，有時不在一定的時間內完成，商業損失是難以估計。在內部的時間控管，除了每日的工作進度表外，還有隨時變動的工作進度，在每一個檢查點結束前就要約定下一次的進度，當雙方都認同了某個時間點，企劃人員就將時間記載於工作進度表上，這需要仰賴企劃與設計的共識與默契。

週休二日對我們做創意工作的人來說，也有不一樣的意義，可以拿來澈底放空，也可以充電複習，可以善用來延長創作時間，也可暫時過過「人」的生活。歐普多半拿週休二日做為出差的移動時間，這樣不會影響上班的工作日，往往在擬定工作進度表時，多是以實際的工作日來排定，為了有效地掌握進度，我們就用假日做為差旅的移動，方能讓工作無縫銜接。辛苦了！歐普的伙伴們。

對於熱愛工作的人，是沒有平、假日之別的，雖沒實際打卡上

班，但他們的心一定還想著創新，連夢裡都同樣忙得很，這是設計人的特質，如果你只想錢多、事少、離家近、網路快、冷氣強、常旅遊，那這行業肯定不是你的委身之處。

客戶總愛在星期五下班前一刻回覆修正，然後丟下一句「週一上班要」。時間看來還有兩三天可做，但工作天其實是零，在責任分工的壓力下，我們的設計同事們都很棒，絕不會辜負客戶的期待！上班族都會有週一症候群，設計公司除了週一，還有放假前一天的恐慌症。有些真的是上市時間很急迫，有些則是個人工作的習慣問題，這些工作進度的協調，就需要在內部先調整好再向外溝通，但歐普的唯一原則就是答應了客戶，我們會使命必達，同事們也知道時間的重要性，工作忙起來都全力的配合，所有的歐普人，身不在公司，但心一定會在工作上，謝謝曾是歐普的人，也謝謝客戶的體諒。

加班鑰匙，是歐普的一個驕傲，設計工作是無法定時定量完成的。一個責任制的養成，並非是用規定就能落實的，好的制度最後的成敗都是靠人來決定。公司的每位同事，在上班時間內都能準時

▶加班鑰匙。

把分內的工作完成，難免會有工作量滿載的時候，留下加班或是假日來公司趕稿子的情形偶有發生，在公司就備有加班鑰匙，很感謝同事們都會自發取用。

設計工作是一個充滿熱忱的職業，很多設計人會追求於完美的設計，忘了掌控時間。商業設計裡的時間管理很重要，因為個人的小齒輪，會牽動組織的大巨輪，如果你的創意很好，但總是在截止時間後才交件，那你永遠是零分，全體也沒有進分。掌握一個關鍵，就是**「先做對，再求好」**。

▲時間沒有日夜之分只有責任的刻度。

版權保護很輕鬆

設計案通過，才是問題的開始。有些設計創意需要特殊的印製工藝技術配合，有的需要特殊材料的輔助，如在事前無法及時取得，在設計案通過後，一定要材料供應商提供一份來做確認，若是圖片影像的取得及版權的法律問題，都要向版權者或是影像公司購入使用權，以免日後產生法律糾紛。這些都是非常磨人的工作，往往所消耗的時間會大於設計工作很多倍，有些是沒有服務費的收入，但為了一個合適的商業設計案能順利推出，這些工作不能少，更馬虎不得，這都是歐普企劃人員的工作，有賴平日的資訊收集整合，這時就看得出它的價值了。

在著作產權高漲的商業環境中，我們擔心自己的創作會與他人雷同，而使客戶損失商業利益，這在商業道義及法律層面都是不可承受之重，所以我們除了用心做出原創的東西外，在內部也有一些公司法律歸屬的制定，以防有損公司名義的事發生。作品在出歐普門之前我們都可防範，作品出門後就是與客戶間商業協訂的誠信問題。儘管如此，我們也曾發生辛苦的設計提案被某大企業盜用的案例，變成了公婆說不清的事，我們為了要舉證，就想了一個方法來保護大家。

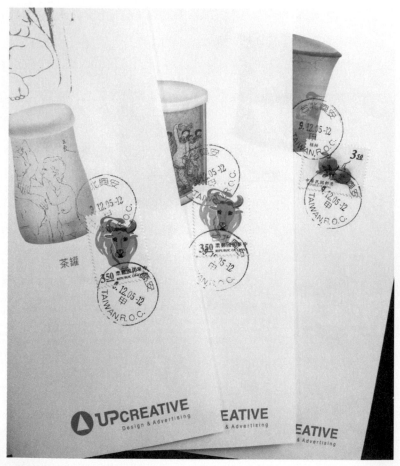

▲輕鬆用公信力來保障大家的著作權。

　　水能載舟亦能覆舟，證據可以保障自己也可以保障客戶。保全的作法是我們會將創作的稿子列印出來，到郵局買一張郵票貼上，再請郵務人員幫我們在設計稿上公信力的郵戳，一來就可以證明創作時間及原稿在公司手上，這個小小的動作在日後雙方於著作權上產生爭議時，一定可以幫上一點兒小忙。同樣的，客戶所採用的設計案如被他人抄襲時，這個舉證法也可幫客戶提供原創證明。

　　以前公司買書是想參考別人的創意，現在買書除了參考之外，還有另外的目的。時有所聞設計抄襲事件發生，確實在公司分工作業的情況下，一不小心可能會出現雷同或抄襲創作的事情發生，這對客戶及公司都是不好的事，在廣大的資訊系統中，如創作者真的有心去抄襲，公司也防不勝防；但由歐普出品的作品，在職業道德上我們要負全責，為了不在事後大家說不清，事前我們就可先在書籍上，查看即將要出品的創作是否有別人的影子。

　　我們工作最後產出的作品，以行業通例，「使用權」是客戶的，我們創作者只能擁有「著作人格權」，客戶付費一次也無權再私授給他人使用；我們只能展出、參賽、發表，也不能再用於他家客戶。在發表權的部分就有認定上的問題，各項競賽通常只表揚設計人，但在商業設計裡，一件作品並非設計一人所能獨立完成，是一個團

隊共同產出的成果，如要發表或展出，在權利上應把參與的人都列
出。此外，在商業契約上，客戶是跟公司有約定，所以發表時一定
要冠上公司主體，再加上參與者等，為了這些繁瑣的冠名問題，在
每位同事進公司時，就需要簽一份著作權給公司，公司才有依據跟
客戶約定合作契約。

　　著作權開放色彩也可做為公司形象之以登記，如此一來更可讓
創意人，更能「色計」人家了。自從業界朋友叫出以「歐普橘」為
我的暱稱呼時，這個平庸的橘色就跟歐普公司連結在一起，親切的
暱稱可以在談天聊八卦時，消磨很多人的一些時間，因為人的相處
總是喜歡從無聊的對話中，獲得正確的訊息，而這「歐普橘」正可
拉開話題的序幕，讓大家找到切入口，羅馬不是一天造成的，歐普
的橘色印象也不是一夕染成的，我們已慢慢的夢想是要在這個創意
的眾多色票中，有了屬於自己的編號：UP0401，這也是我們長期
建立下來的無形著作權。

▶UP0401 這個色號，在業界慢慢的鮮明起來。

歐普小巧思

公司隨時都有點心餅乾及好吃的零嘴,有時是客戶提供,有時是好友贈送,大部分是同事帶來分享的愛心。設計人很需要甜食,因為甜點可以讓人放鬆壓力並產生愉悅的心情,在創作壓力下,不妨來根棒棒糖,畫出來的稿子都會是甜的,不相信下次試試看。

人的相處總是在彼此關懷中互信,與客戶的相處不也是嗎?我們利用剩餘的紙邊,印了三款卡片,沒有特別的問候語,更沒有節慶味,我們稱為「萬用卡」,隨時需要隨時寫上關懷,素素的卡面、寥寥的幾字,都是歐普的一份誠意。

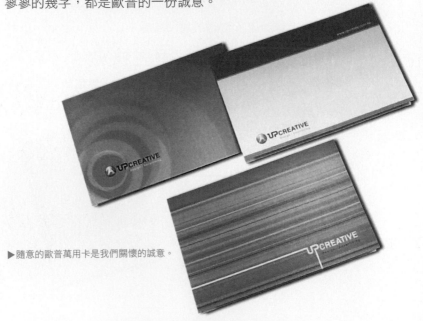

▶隨意的歐普萬用卡是我們關懷的誠意。

　　歐普專用的紙杯套，在我們印刷案件中，將多餘的紙邊拿來軋型，就可以套用於市售的紙杯上，不同的是在套旁加了一個把手，喝熱水時不燙手。有了杯套就要有杯墊，這就是線性的思考，只要多留意，剩紙邊永遠有用不完的創意商品，這回我們設計出八種圖案的大小紙杯墊，有人來參訪時，便贈予一套做紀念！

　　光碟片夾的使用量很頻繁，出完稿、寄資料...等都需要，除了內容燒錄的精準度外，我們還考慮到它的保護及開啟的方便性，尤其在取出光碟時不汙損。這個紙片結構，中間放光碟片的地方，我

們留有一個縫隙，方便手指伸入取片。專業藏在細節中，我們連這不重要的東西，都要求自己做好。

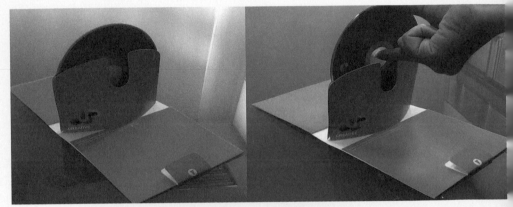

▲考慮到使用者的方便又能保護光碟的設計。

賀卡是一份祝賀，也是一份分享，以往傳統紙本賀卡在材質或型式上總是可以為所欲為地創新，因為這是一年一次不用受客戶影響的大作，可以盡情地彰顯歐普的風格，快樂地玩！

近年數位新載體的出現，這類紙卡也減少了，隨著節慶的日子，我們偶爾也會發出電子賀卡，彼此分享，問候大家，終究這份情總是要繼續連繫著！

▲卡好的分享與問候。

　　歐普的專業堅持向來謹守**「創意、品質、服務、時效」**四大原則，如果無法在合理的時效內做出良好品質的創意設計，即無法提供客戶完整的服務，也失去商業設計的真義。

　　一個設計公司最重要的核心自然是「創意」。無庸置疑，這是一個創意公司的標準配備，「品質」是自我要求的部分，亦是對客戶的承諾而「服務」，在雙方溝通的過程中，我們絕對擁有配合度最佳的服務熱忱，我們以客戶的「時效」為我們的最高原則，因為商業設計，時間比什麼都重要，掌握時效的方法有很多，為了不讓稿子在提案當天才完成，因時間緊迫無法再做細緻修正，我們會在工作進行中設定幾個檢查點，專業往往藏在細節中，這些檢查點就發揮了它的作用了。

　　歐普的堅持與進步永不終止，創意的發展也將源源不絕，因為歐普清楚知道商業要的是什麼，跟著時代的脈動前進，歐普的創意將永遠朝向時代尖端邁進。

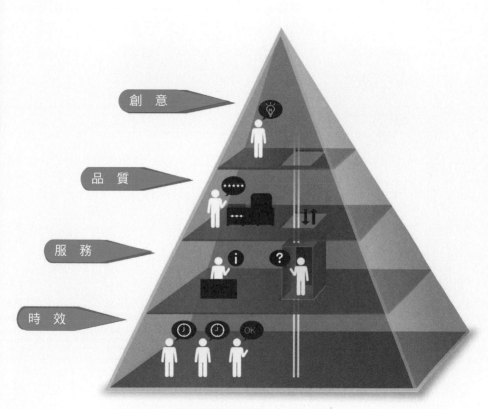

▲你需要的是怎樣的服務。

5

規劃路線

　　公司追求的都是一些數字，業績的數字、得獎的數字、客戶多少的數字、產出作品的數字、人員的數字、成長的數字等，而每個數字背後都會牽動另一個數字，最好的方法就是把這些數字量化，這樣就比較能客觀面對問題。做創意的最怕「憑感覺」，往往感覺自我良好的人，最後連輸在哪兒都不知。數字只要是正確，雖是一堆死的符號，但它很忠實，不會騙我們。

其他人的貼文 〉

歐普設計 UPcreative 用心追求商業設計的價值
3月31日-倒數1日 🌐

one sketch one point !!
這是創意的原則,
也是商業設計的最佳追求準則,
如擴大解釋,不只是適用於商業設計,
也適用於周遭工作細節,
對於客戶更顯專屬服務性,
設計服務不只是創意的滿足,
更多於整體軟實力的到位,
在全方位的思考中,
如何去尋找專一性,
是我們的課題,
是歐普未來要走的路。
也是設計服務業未來該走的路。

4,043人看到這則貼文	加強推廣貼文

3,598 個讚 85 則留言

👍 讚   💬 留言

歐普設計 UPcreative 用心追求商業設計的價值
3月30日 🌐

其他人的貼文 ⟩

歐普設計 UPcreative 用心追求商業設計的價值
3月29日-倒數3日 🌐

3 in 1
男人除了生小孩什麼事情都能做！
設計也是一樣只要想做什麼都能做，
在商業設計服務中，
有很多事都可以從設計管理的角度切入，
而泛指平面、立體、數媒……等，
從設計的創意想法到製作出成品，
全方位的統籌服務，
設計人都能勝任，
一條龍的服務是趨勢，
歐普將多年來的經驗，
策略、設計、執行，
三位一體為您服務。

👍 讚　　💬 留言

歐普設計 UPcreative 用心追求商業設計的價值
3月28日 🌐

其他人的貼文　　　　　　　　　　　　　　　　　　　　>

歐普設計 UPcreative 用心追求商業設計的價值
3月22日-倒數10日 🌐

設計工作就是將凌亂的訊息，整合成有用的訊息，在成千上萬交錯的資訊裡，我們用豐富的視覺經驗及創意人的敏銳思緒，為我們的客戶找到定位，也找到我們自己的定位。歐普三角形的標誌也隨著科技的躍進，從點、線、面到長、寬、高逐步改變，平面到立體的轉換並不單是流行而已，而是我們追求創意的最大值，及軟硬實力兼顧的平衡，歐普準備好了！

4,319人看到這則貼文	加強推廣貼文

4,129 個讚　265 則留言

👍 讚　　　💬 留言

歐普設計 UPcreative 用心追求商業設計的價值
3月22日 🌐

專業小技術

　　以前我們一直專注在設計技術面的提升，長期下來也憑藉著這一點兒及獨門的創意與客戶共創不少佳績。隨著市場環境及廣告設計業的改變，如今客戶需要的不只是設計技術的成熟度，而熟悉專精各項專業設計技能，也已算是一個設計公司（設計師）的基本配備，在整體服務的需求下，一個案子最需要的是「整合及解決問題」的能力，這些都是需要時間及資源的積累，並長時間培養專業人員負責處理。這種漫長的投資，在工作成本上的評估，看似難以想像，但這樣的投資及人員能力提升是不能中斷的，今天不用，明天一定會用到。

　　創意並非天馬行空，設計過程更是講求科學化，要精準地把創意呈現出來，是靠設計人的功力；精準的輔助工具，能讓你的成果更接近原創意。精確來講，任何事物都有標準，色有色樣、紙有紙樣、塑料也有色板，這些輔助工具除了協助設計精準預知創意產出的成果，也方便事後的成果校正。

　　設計過程裡，從草稿堆中找出有價值的方案，是企劃人員及創意總監的工作，再來就是設計上線製作，此時就是藝術指導的工

作,最後大家再一起來「看螢幕」,在同樣的畫面裡,各自卻有著不同的詮釋及任務。「看螢幕」的動作很重要,因為它是輸出提案色稿前的過濾鏡。商業設計的源頭,還是要回歸到「解決客戶的問題」,並以創造客戶的最大利益為考量,雖然難免受限於客戶本身的資源條件,但在這範圍裡,我們必會盡所能來做到最好。

▲各樣的檢驗工具是完善創作的必需品,圖為「塑膠板」的色樣。

▲草稿中的每一筆都需帶著設計人的情感。

| 草圖篇 |

　　在創意設計發想過程中，有很多種可記錄下來的方法，現在平版電腦上也有很多繪製草稿的軟體，這些輔助工具可以幫助我們隨時記錄下自己的好點子。早年在畫草稿時，常用「格拉辛紙」來繪製，它是半透明的紙，有點像糖果紙，就是利用它的透明性來複寫，可以一次又一次描繪或是修飾設計師要的線條。現在是用描圖紙來取代，還可以在上面簡單著色。如何記錄其實並不重要，重要的是我們需培養畫草稿的習慣。

　　在公司內部進行創意討論時，除了每位設計者把自己的創意想法畫在草稿本上，為了達到溝通的準確度，最好的方法是能將你想要完成的預想圖或是效果圖找出來，做為補助說明，這樣較能拉近大家的認知，例如你心目中的紅色跟別人想像中的紅色是會有所差異的，直接畫出來則較易溝通。商業設計不是個人創作，要先讓客戶或消費者了解你的想法，才是有效的溝通，不如先從如何畫草稿開始練習吧！

　　創作的過程除了想法，再來就是製作色稿，從想法再整理畫出草圖，中間還是會有些變數及落差。如何在構成草圖時能夠更精準，這是需要練習的，草圖繪製精準的功力，要能作到放大時跟實際尺寸相去不遠，在草圖旁加上材料、字型、色彩、尺寸等備註，可以更清楚地做為未來相互討論的依據。

▼每一件作品的背後都必需經過無數個發想草稿方能成案。

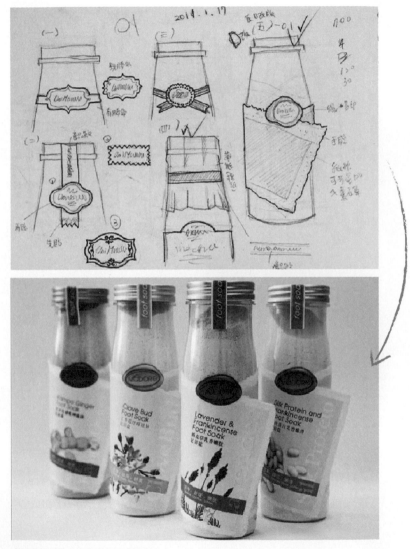

▲草稿的精準度就是商品的成熟度。

| 紙張篇 |

在進行有關紙品設計工作時，設計師心裡常常會惦記著，一定要用紙張的合理開數來設計才不會浪費紙，但如何合理又不浪費紙張、開數尺寸又有新創意，這全要靠這份「紙張開數速見表」。這張表分別記載全開（四六版，31x43 英吋，大陸稱為正度紙）及菊全（25x35 英吋）的尺寸對應表，除了表上邏輯的開數外，如能熟悉印刷製本的機械化原則，就可以自己去創造出有創意又不浪費的開數尺寸。

工作用的紙材，一定會置於工作平臺周遭，一個大型的工作平臺是設計公司不可少的設備，這個使用頻繁的工作區，必須考慮到使用的方便性及工作時的安全性。

檯面上各式各樣的裁切工具及貼裱材料應有盡有，壁上側櫃有各種演色表及檢驗工具，檯下的大紙櫃可放置 31x43 的歐規紙張，裡面備有各種厚度與質感的紙張及材料，足夠提供設計師完成各式設計方案所需，平臺側邊有各種裁切好的超 A3 尺寸紙 (SuperA3 尺寸為 330X483mm)，可以讓設計師將設計先試印於各種紙材上，而平檯上檯燈的色溫必需接近畫光色以便校對印刷色樣，以上的準備能將工作變得有效率，把時間留給創意。

紙張開數速見表

□→紙張基本尺寸
■→印刷完成尺寸

正度（大陸）**四六版**（B版）78.7×109.2cm；31×43 英吋；26×36 台寸

四六版											
cm 基本	54.6	36.4	27.3	21.8	18.2	15.6	13.6	12.1	10.9	9.1	6.8
cm 完成	53	35.3	26.5	21.2	17.6	15.1	13.2	11.7	10.6	8.8	6.6
英吋 基本	21½	14⅜	10¾	8⅝	7⅛	6⅛	5⅜	4¾	4¼	3⅝	2⅝
英吋 完成	20⅞	13⅞	10⅜	8⅜	7	6	5¼	4⅝	4⅛	3½	2½
台寸 基本	18	12	9	7.2	6	5.1	4.5	4	3.6	3	2.3
台寸 完成	17.5	11.7	8.8	7	5.8	5	4.4	3.9	3.5	2.9	2.2

cm	英吋 31×43	台寸 26×36												台寸 20.5×28.9	英吋 24½×34½	cm 62.2
78.7 / 75.8	31 / 29⅞	26 / 25	B2 **2** A2	3	4 長	5	6	7	8	9	10	12	16	20.5 / 19.6	24½ / 23⅜	62.2 / 59.4
39.3 / 37.9	15½ / 14⅞	13 / 12.5	B3 **4** A3	6 方	B4 **8** A4	10	12	14	16	18	20	24	32	10.2 / 9.8	12¼ / 11¾	31.1 / 29.7
26.2 / 25.2	10¼ / 9⅞	8.6 / 8.3	6 長	9	12 方	15 方	18	21	24	27	30	36	48	6.8 / 6.5	8⅛ / 7¾	20.7 / 19.8
19.6 / 18.9	7¾ / 7⅜	6.5 / 6.3	8 長	12 長	B5 **16** A5	20 方	24 方	28	B6 **32** A6	36	40	48	64 長	5.1 / 4.9	6⅛ / 5⅞	15.5 / 14.8
15.7 / 15.1	6⅛ / 5⅞	5.2 / 5	10	15 長	20 長	25	30 方	35	40	45	50	60	80	4.1 / 3.9	4⅞ / 4⅝	12.4 / 11.8
13.1 / 12.6	5⅛ / 4⅞	4.3 / 4.2	12	18	24 長	30 長	36	42	48	54	60	72	96	3.4 / 3.2	4 / 3⅞	10.3 / 9.9
11.2 / 10.8	4⅜ / 4¼	3.7 / 3.6	14	21	28	35	42	49	56	63	70	84	112	2.9 / 2.8	3½ / 3	8.9 / 8.5
9.8 / 9.4	3⅞ / 3⅝	3.2 / 3.1	16	24	32 長	40	48	56	B7 **64** A7	72	80	96	B8 **128** A8	2.5 / 2.4	3 / 2⅞	7.8 / 7.4
8.7 / 8.4	3⅜ / 3¼	2.8 / 2.7	18	27	36	45	54	63	72	81	90	108	144	2.2 / 2.1	2¾ / 2½	6.9 / 6.6
7.8 / 7.5	3 / 2⅞	2.6 / 2.5	20	30	40	50	60	70	80	90	100	120	160	2 / 1.9	2½ / 2¼	6.2 / 5.9
6.5 / 6.3	2½ / 2¼	2.2 / 2.1	24	36	48	60	72	84	96	108	120	144	192	1.7 / 1.6	2 / 1⅞	5.1 / 4.9

菊版											
台寸 基本	14.4	9.6	7.2	5.7	4.8	4.1	3.6	3.2	2.8	2.4	1.8
台寸 完成	13.8	9.2	6.9	5.5	4.6	3.9	3.4	3.1	2.7	2.3	1.7
英吋 基本	17¼	11½	8⅝	6⅞	5¾	4⅞	4¼	3⅞	3⅜	2⅞	2⅛
英吋 完成	16½	11	8¼	6⅝	5½	4¾	4⅛	3⅝	3¼	2¾	2
cm 基本	43.8	29.2	21.9	17.5	14.6	12.5	10.9	9.7	8.7	7.3	5.4
cm 完成	42	28	21	16.8	14	12	10.5	9.3	8.4	7	5.2

大度（大陸）**菊版**（A版）62.2×87.6cm；24½×34½ 英吋；20.5×28.9 台寸

▶紙張開數速見表。

　　紙張的買賣是以重量來計價，在設計行業裡使用紙張的頻率很高。紙張的肌理及紋路可以利用視覺及觸覺來感受，各家紙商也會免費提供設計師參考紙樣，所以事前審慎選用適合的紙，印刷後成品的效果必然與原始設計所達到的成果相符合。但較有爭議的是在紙張的重量部分，有些紙標示為克重、有的標示為磅重、有些厚紙標示為條數，設計師必須清清楚楚；另外，將一令紙換算為單張時就更複雜了，尤其在大量用紙時，只要每張少了幾克，那中間就有爭議了。

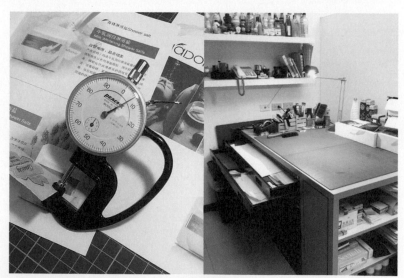

▲用客觀的工具來解決主觀的認定。
圖為測量紙張厚度工具：厚度針

▲便利且應有盡有的工作平檯是設計公司的
基本設備。

　　因為工作上的需求，除了數位資訊的收集歸類，在紙本的資料上我們也下了一些功夫，尤其是包材的資料。在一般的包裝年鑑上只能觀其形，沒有辦法了解到它的材質應用及特殊印刷的工藝，在我們的檔案櫃內藏有各式各樣的包裝分類，有了這些包材「解剖資料」，可讓我們更精確地製作一個可完成的包裝設計案。

▲收集實體的資料可以更了解製程。

| 軟體篇 |

　　在排版軟體上，我們可以很輕易地選擇字體、大小、行間等，並方便地使用一些數據來設定，但因每個人的螢幕尺寸大小都不一樣，若將全頁縮在螢幕看，每個人看到的字體大小及字間，也會有所不同。有經驗的設計師常常會為自己製作一些專屬的校正工具，像是常用字體級數的大小或是各種線條的寬度等，如你手上正好在編輯一本型錄，可把你所要選用的紙張也做一份「色導表」，這樣可以確保成品的色彩準確度，而這些看似不起眼的自製工具，在此時便能發揮相當大的功用。

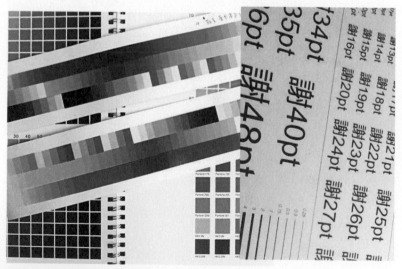

▲電腦上任何訊息都不過是一些數字，只能以實際看到的為準。

　　要能跟上數位時代，除了軟體外，在硬體的選配上也要能符合公司的業務特性需求才行。歐普的設計工作很多元，其中包裝盒的設計案，尤其需要各種紙質及厚度的建議，我們的設備一定要可以輸出各式各樣的紙質，例如表面加工過的材質，以及能承受較薄（目前測試到可印至 45p 左右）到較厚（目前測試到可印至 380p 左右）的印物。色彩的準確度更是重要。

▲將我們的經驗分享給需要的朋友。

　　雖然因著時代的進步，從手工做稿的年代，進入到電腦繪圖的現在，工具改變了，設計技巧、風格也變了，以前在手工時期很多無法表現的效果，現在一點也不難了，但在這演變的過程中，所產生的技術及觀念的斷層，是新一代的設計師必須去填補的。在設計製作的流程中，有輸入及輸出兩端，尤其輸出端是決定品質的關鍵，故等級較高的輸出設備是不可或缺的，它並不只是工具，而是設計人的伙伴。

▼呈現設計想法的伙伴。

| 色彩篇 |

　　印刷品要達到一定的精美程度是需要很多條件的配合，例如紙、墨、版、機器等，這些條件大多掌握在外製單位的手上，故在一些環節的驗收就很重要。例如，打樣前，可以用一個客觀的標準再次確認，就是「網線（點）的條數」，網線愈細品質愈細，反之就愈粗，不過仍需考量紙張粗細的相對應問題。普通的銅版紙類都需要 175 線以上才能達到眼視精細感，這片檢測網線的網陽片就是一個很科學化的度量工具，也是設計師的標準配備之一。

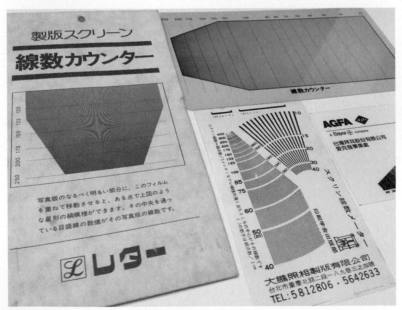

▲用來檢測印刷品質的工具（網點線數測定表）。

| 場域校色 |

　　一般人都喜歡溫暖的黃光，感覺很溫馨、很放鬆，這是屬於家庭的氣氛，然而如果把這氣氛搬到設計公司，那或許是災難一場。

　　以前我們沒有去注意到這個問題，往往造成在公司座位上的色彩辨識與真正的成品產生很大的差異，造成與客戶在認知上的差距。在請了色彩管理顧問來協助後，才了解原來公司為了閱讀舒服的暖黃色燈管，不適合辨識正確的色彩，後來全面換成「三波長自然色（畫光型）燈管」，它的色溫才能正確辨識色彩。有了這個經驗，以後去印刷廠看顏色時，如果是白天，建議拿到室外去看，晚上時就放在師傅校對的平臺上來看，這樣的色彩會較準確。

▲光對色彩的影響最大，正確的光源才能有正確的顏色。

| 人工校色 |

在設計概念草稿討論之後，下一步是要進電腦來精繪色稿，過程中需不斷來回地盯著電腦螢幕中的各項細節，而在顏色上是最難表達清楚的，所謂「再紅一點」到底要多紅？這麼細節的溝通，都

▲可調高低與螢幕保持水平視角才能看到準確的色彩。

要與設計處於同一視覺水平上才能準確溝通，因為螢幕的色光，從不同角度看都不一樣。為了減少溝通的誤差，牆角的這一把氣壓「髮姊椅」，不僅便於移動，在高度上的調整也很機動，想要看哪臺螢幕就滑到那裡去，這樣就可以跟設計師在相同的位置高度看到一樣的顏色了。

在數位提案的流程中，為了色彩的認知能確實與客戶一致，在定案之前要再做一次確認，通常都希望客戶能到公司來，因為公司內的軟硬體及輔助資料較齊全，可以馬上依客戶需求調整出需要的色彩，接著記下這彼此認同的色彩。設計執行者必須模擬出客戶要的顏色，並在確認列印出看色後的感覺無誤，再製作印刷用的精密

數位完稿。因印制的材料不同，完稿的方式也不同，這又是另一個技術問題，客戶能懂最好，不懂是應該的，他們要的是結果，設計調整出來的簽認色稿，是不能直接給印刷廠的，因為印表機及印刷機的數位解碼是不一樣的，色稿簽認前的工作很繁複，有時為了一個顏色調試了很久，說做白工也不盡然，這是求好的必經過程。很多設計成果到最後，好壞會決定在一些我們以為不重要的細節上，像我們常會依賴螢幕呈現的顏色，以為是視覺效果，所見即所得的，其實不然。螢幕所呈現的是光學效果（加色混合原理），而印刷品是色料效果（減色混合原理），兩者所呈現出來的色彩一定會有很大的差距，尤其在灰階調的表現更是難以控制，一個是連續接調、一個是網點階調，在灰色階調上的黑字或反白字，在印刷前後識別很不一樣，故在看打樣時若需要校正，就善用合適的工具來幫助我們的肉眼吧！

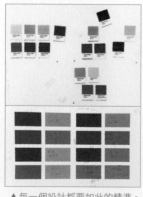

▲每一個設計都要如此的精準。

| 打樣與校正篇 |

　　一件設計品的後製工作，有很多地方需要仰賴外面的協力廠商才能完成。不一樣的設計物，需找不同的製作公司，合作最多的當然是紙品類的加工協力廠。紙加工的前、後製又分成很多環節，設計師必需能將各環節串整，才能有效達到所要求的成果。身為設計師最初階的基本功，就是要會看打樣，協力廠商們也都在等你確認後才能繼續後製，由此可見最後的成果好壞，設計師是最大責任擔當者，為了要達到精、準、美、好的成果，是需要一些科學化的輔助工具，網點放大鏡是必備工具之一，它的目的是用來檢查印刷網點的紮實與否及套色準度等。

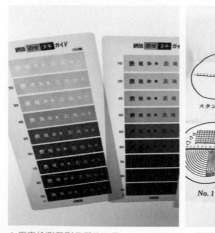

▲用來檢測印刷品質的工具
（灰黑階檢測表）

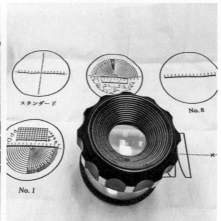

▲網點放大鏡。

　　一間設計公司的設備除了電腦是不可少的基本配備外，還有一項工具是「色票」，這是目前最沒有爭議，且彼此互信的最佳校色工具。色票又分為：四色套印刷用及特別色印刷用；紙質又分：塗佈紙 (C) 及沒塗佈紙 (U)，這些分別都很容易分辨出來。但有時在校對時，同一個色號卻出現些微的色差，是因為銅版紙（一般為塗佈紙）與模造紙（一般為沒塗佈紙）的表面不一樣，銅版紙在造紙壓光上較密，所以較光滑，當印上油墨時，油墨的吸入量較少，折射出來的色彩便較為鮮亮；而模造紙壓光沒那麼密，印上油墨時油墨被吸入較多，所以折射出來的色彩較為暗沉。

　　而坊間購買的色票一定會在色票本扉頁上註明，是印在何種紙質上。如 Pantone 色票在色彩編號數字後面一定會出現英文字 C 或是 U，那是代表 Coating（塗佈）及 Uncoating（非塗佈）的縮寫，所以你拿不同紙質的色票去要求另一紙質的色彩準確度，是行不通的。色票會因出版年度版本不一樣而有些微的色差，但如果你無法那麼精準地看出色偏，那就無所謂了。

　　在工廠裡親眼看著自己的作品從印刷機跑出來，才能安心，但在上機之前，我們在內部做了很多種應對方案，來配合各種不一樣的印件條件，只有設計師親臨現場，不然講再多，也是有聽沒有懂。

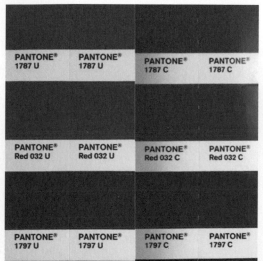

◀色票數字背後的意義。

▼印刷過程中隨時檢示色彩
導表以免一錯造成萬萬錯。

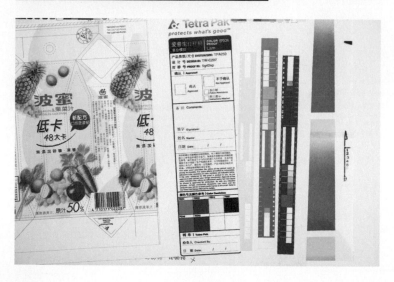

| 包材資料篇 |

　　萬事起頭難，一個上市的包裝設計，在你個人的主觀認定上，或許會有好壞、美醜，而一個有價值的包裝設計，在開始執行時的源頭資訊，其精準及多寡，將會影響其最後成果。

　　把別人瓶瓶罐罐不要的垃圾，我們如獲至寶地分類收集起來，這是做包裝設計工作的職業病，從網路上、專刊書籍上雖然都可以看到世界各地的包裝作品，但設計人沒有親手去觸摸過，就很難體驗包裝的生命感。這些關於包裝設計美感、材質、結構、特殊的印刷方式等的收集品，有時會為了個案被我們拿來解剖研究，這樣反覆練習自己的手感，對下一個包裝設計才會「很有感覺」。

　　綜合的商業性設計工作，需要新穎及廣泛的材料、載體來補強設計，尤其是包裝設計的工作，長期下來更會因創作上的需要，收集各式各樣的裝飾性配件材料，慢慢累積成我們的材料箱，不斷增加新的素材，也不斷淘汰過時的東西，這箱內不起眼的小緞帶，也可能是包裝成敗的關鍵。

▲別人的垃圾是我們的寶。

▲材料工具箱。

| 工作流程篇 |

　　各種檢核流程定出的 SOP 如果只是行文，沒有做行為的檢核，那也很難推行，在歐普的完稿背面會貼一張經手人的確認表，各職位所需要負的職責不一樣，但檢查出稿的責任是一樣的，簽了名就需要為這流程負責，事後有任何狀況才有檢討的空間。

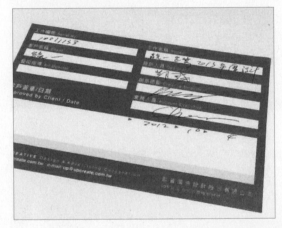

◀完稿前的最後總檢表。

　　業務講的是誠信，有些事彼此認同，稍加提醒相互都會遵守，但在工作進行中，有一定的原則，最好都能白紙黑字地記錄下來。工作中來來回回的溝通頻繁，有些事不會具體說明或是有共識可以解決，為了在事情上能精準即時地完成，這個雙向的文書往返作業不可少。習慣上工作中的資料及記錄，我們都會存留到商品上市後

封存留查半年，過些時日才處理，如有萬一方能確保彼此的溝通是
否有所誤差。

　　歐普在每一個新工作產生時，都會有一個工作袋，企劃人員交
付工作時，就會將此袋移交給設計人員，袋內放入客戶所給的訊息
資料、企劃人員所找的資料及工作中如有新補充的資料，也一併放
入袋中，待工作完成
後再交還給企劃，因
為一個工作非數日可
完成，工作中設計者
不在時，接手的人可
以快速銜接此工作，
如有不清楚的部分就
可以在袋中找到所需
的資料，才不會耽誤
工作的進行。

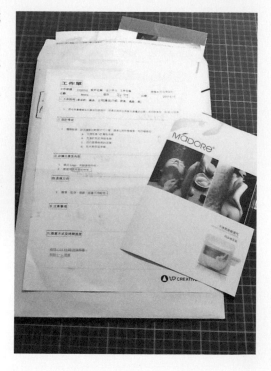

▶設計人的工作袋。

設計工作在公司內的最後一份作業流程就是核對工作，完稿工作被數位化取代之後，將原本傳統紙本可目視檢查的工作，變成了潛藏各種陷阱的數位檔案，往往愈有經驗的老鳥愈容易出包，大意、疏忽、不小心、太忙，都是出包的朋友，我們只好更依賴完稿SOP 好朋友的檢核表了。

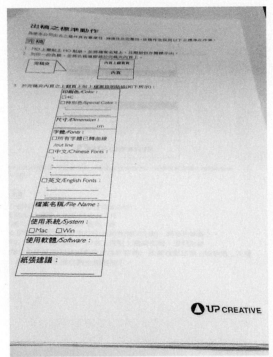

◀不管老鳥或菜鳥都要依賴這張檢核表。

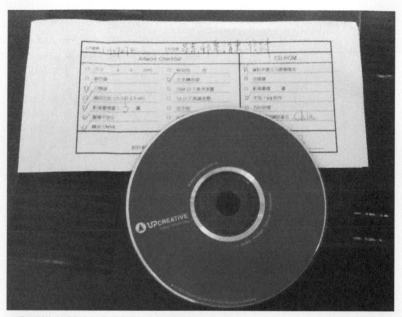

▲看不到的光碟內容要靠看得到的表格來管控。

　　傳統完稿可以在完稿紙上標示出各式各樣的印刷及加工工序，有經驗者一看就知道哪裡有問題，只要在印製前發現，就能即時解決。在數位時代，任何工作的完成最後就是一張光碟結案，無論影像或是文字、印刷加工等，在光碟上都看不出來，在完稿出門前，歐普設定了檢查完稿內容的 SOP，先把自己該做的做好，以免浪費客戶的時間！

| 設計工程篇 |

如果把設計案當作是一個工程，在前面的資訊收集及整合的工作，用管理的角度來看，其工作量大於設計執行時的工作。這段管理階

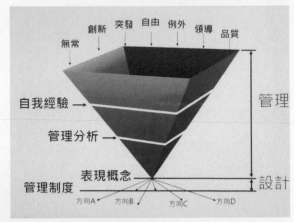

▲倒金字塔思考模式的設計演繹。

段很難計算或量化，它都是一些腦內的思維整合及平時公司資源及資料的積累，用工程來比喻是，工程需要計劃、需要準備、按圖執行，有先後次序問題，最重要的是過程的精準性，順著邏輯推進，有時快、準，有時難免遭遇瓶頸。

如圖「倒金字塔思考模式」的設計演繹中，可以看到那段「自我經驗」的部分，是第一道過濾閘，頭過身就過，但不容易過；第二道過濾閘是「管理分析」，此過濾閘目的是要我們有別於主觀的第一道過濾閘，而用客觀的角度來看問題，在這樣的反覆整理沉澱後，就能找出創意點，往下就是設計表現概念的工作了。

　　一般而言，在新提案時，歐普常會提出兩個方案以上的設計表現，這兩案在表現「手法」及「方向」上應有較大的差異，但須掌握同樣的創意概念才行。如果在時間上不允許太多設計案的後製作時，我們會採取不同等級的提案方式，以便有時間提出思考較完整的設計案，並做有效又快速的提案溝通。在提案等級的區分上，可將其區分為五種等級：

A 設計成品打樣稿
採用同材質，透過上機印刷的正式打樣稿。

B 半完稿
進行印刷前的完稿工作。

C 精細色稿
用同材質或類材質做出同比例的 Dummy。

D 平面色稿
由電腦繪製並列印色稿。

E 草稿
Sketch 或 Rough Layout。

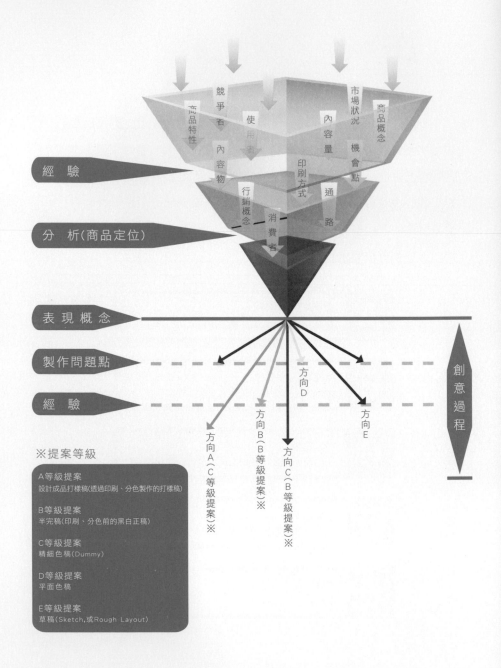

經　驗

分　析(商品定位)

表現概念

製作問題點

經　驗

創意過程

※提案等級

A等級提案
設計成品打樣稿(透過印刷、分色製作的打樣稿)

B等級提案
半完稿(印刷、分色前的黑白正稿)

C等級提案
精細色稿(Dummy)

D等級提案
平面色稿

E等級提案
草稿(Sketch,或Rough Layout)

　　歐普提出的「倒金字塔思考模式」之應用，只是一個架構，架構上的種種條件及應用，都可視實際設計的個案來加以修正應用，架構的基礎是幫助我們進行任何的設計工作，如：包裝、平面、結構等，在天馬行空的創意空間裡，有其思考的原則，即可遵循的創意方向，以免作出一些不知所云的設計。

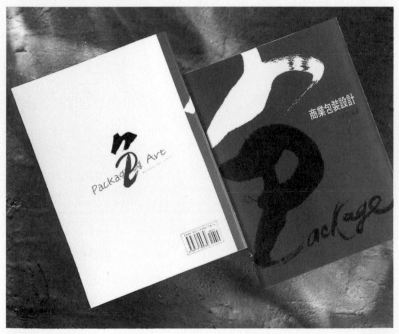

▲筆者於1994年藝風堂出版社出版的「商業包裝設計」一書中，首先提出此思考模式，經多年來的實驗及應用，慢慢修改完成。

包裝規劃流程表

　　從這張包裝規劃流程表上可以看到，策略環節及創意環節的工作重點，到最後執行環節，環環相扣，節節互動。

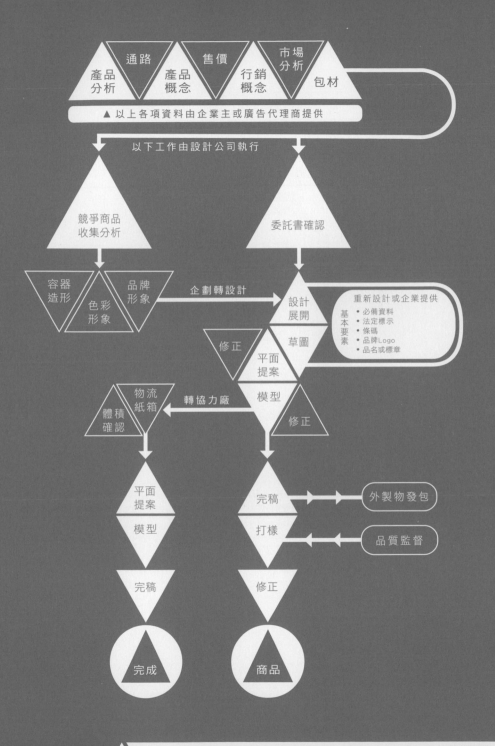

產品分析　通路　產品概念　售價　行銷概念　市場分析　包材

▲ 以上各項資料由企業主或廣告代理商提供

以下工作由設計公司執行

競爭商品收集分析　　　　委託書確認

容器造形　色彩形象　品牌形象　　企劃轉設計　　設計展開

重新設計或企業提供
基本要素
• 必備資料
• 法定標示
• 條碼
• 品牌Logo
• 品名或標章

修正　草圖　平面提案　模型　修正

物流紙箱　轉協力廠　體積確認

平面提案　完稿　　外製物發包

模型　打樣　　品質監督

完稿　修正

完成　商品

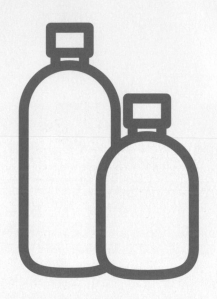

瓶型設計流程表

　　包裝設計範疇中，瓶型的設計工作，有自己的一套作業流程，它的工作內容是包含了 2D 轉 3D 的設計，所以在製作工藝上，需要多幾個防範的機制，以確保工作的順利進行，這流程圖上比較偏重在客觀的環節，尤其是來回的測試步驟。

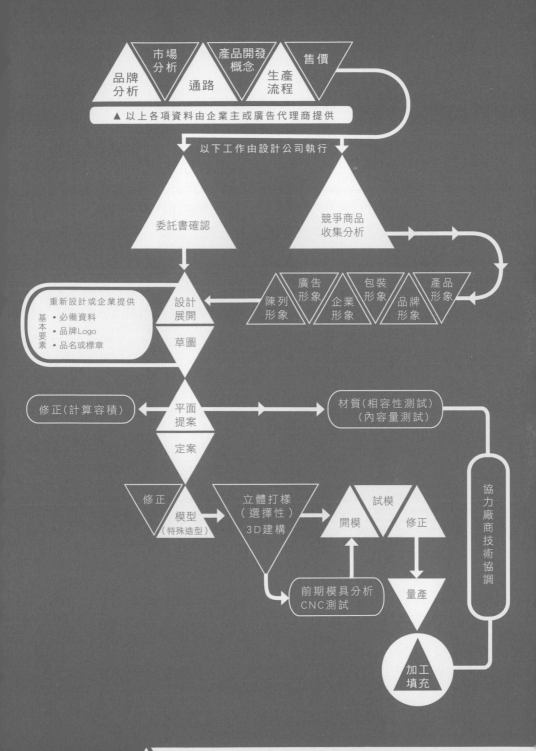

品牌分析　市場分析　通路　產品開發概念　生產流程　售價

▲ 以上各項資料由企業主或廣告代理商提供

以下工作由設計公司執行

委託書確認　　　　競爭商品收集分析

重新設計或企業提供
基本要素
・必備資料
・品牌Logo
・品名或標章

設計展開　草圖

陳列形象　廣告形象　企業形象　包裝形象　品牌形象　產品形象

修正(計算容積)　平面提案　定案　　材質(相容性測試)(內容量測試)

修正　模型(特殊造型)　立體打樣(選擇性)3D建構　開模　試模　修正

協力廠商技術協調

前期模具分析CNC測試　量產

加工填充

　　之前提過在設計包裝瓶型或容器的工作上，為了掌握所設計出
的新造形容量體積，必需先行做出接近設計實體的 Dummy，再以
此實體模型進行微修。有時在瓶型容器的設計提案上求一些概念方
向，此時尚不必求其體積的精準度，可採「拼構法」來快速製作瓶
型或容器造形，以便快速的提案，節省提案時間及成本。如圖示，
拼構法是先以造形的垂直或水平剖面，來快速構成一個立體造形，
這樣可以大致提供客戶一個創意的原型預想圖，因為有大小原重的
立體感，比較容易做為雙方的溝通。

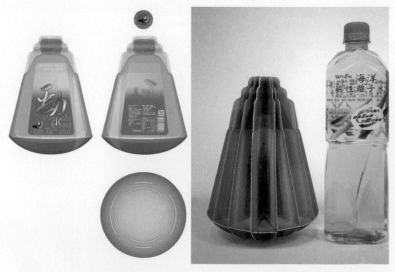

▲包裝造形設計可先用簡易的拼構法來塑型討論。

▼手工打模的包裝容器樣品。

在包裝瓶型或容器的設計工作流程中，於造形設計定案後，開模前必須先做一實體模型，再以此實體模型進行細節及開模可行性的微修工作，多半是以手工方式來製作。製作手工模型有很多種製模方式，往往在外型上可以塑其造型，而在體積的精準上則是一大考驗。

歐普在內容體積的概算方法，是以水量法來處理，就是先將需要的體積容量裝入較接近的瓶器中，再浸入裝滿水的桶中，待水位上升並畫上刻度，取走瓶器，這時水平面與刻度之間的距離，即為我們需要的體積，這樣就可以將我們製作的手工模型置入桶中，然後觀察其水位上升的刻度，是高於或是低於刻度，以其為基準，再用加減法慢慢修正手工模，雖無法達到百分之百的準確，但可以幫助我們在手作模型時，得到一個較準確的 Dummy，以免只在乎外型的線條美感而忽略了實際體積的大小。

包裝設群

看到設計科系的學生慢慢降低對包裝設計科目的興趣，又聽到老師們常常道出心中的遺憾，業界道上的設計朋友們常感到資訊的不足，企業們對臺灣包裝設計創作的

不尊重，政府部門對包裝產業的無知及不重視。我們建立「包裝設群」的交流平臺，提供給對包裝設計創意有興趣的同好交流資訊、分享個人的包裝創作得失經驗，期待「包裝設群」能為臺灣包裝設計新論述找到新氣象，為「臺灣風」的包裝設計發聲。

入團限：學生、老師、設計師、企劃人員、大眾消費者、有心改善的企業主、為臺灣包裝設計前途打拼的官員。該空間內所發表言論或公開討論純屬個人立場，言論真實性請自行負責並尊重他人發表及著作權。嚴禁在上面發表營利性的文章，及非關本包裝專業的貼文，確保本平臺的專屬性。

📍 包裝設群
https://www.facebook.com/groups/packwang

大眾運輸

設計產業跟大眾脫離不了關係，我們的工作總是在創造大眾流行及眾人所需。我們的創作來源取之於社會，最後也會回到社會，沒有任何例外，因此我們更需學會與社會大眾溝通並分享。設計人不是搞小圈圈的工作，一個人向外學，一家公司內部自己相互學習，一個團體就可大家多元的學習。

多交流交流，就是要多交朋友資訊才能流通，知識才會變得有價值，工作才能有趣、有意義。我們也不斷吸收及閱讀有關設計、產業及別人的成功經驗，互相印證、互相分享，讓好的資訊在圈內擴散。

歐普講堂

設計工作的確會讓人腸枯思竭,故工作之餘大家需要放鬆並輸入新的知識,我們成立「歐普講堂」的目的就在此。每週一次在下班前的兩小時,每位同事抽籤決定分享時間,上臺兩小時,內容自己定、隨便講,發現對於工作外的事物,每位同仁都有自己喜愛的事,因此講座內容就變得豐富有趣,而同仁對資料的收集再呈現出來的過程,其實更可反饋工作上。

▲公司內部的歐普講堂。

▼歐普講堂室外教學。

　　歐普講堂除了內部同事的隨意講習，我們也辦一些室外參訪，也曾辦過到外地，兩天一夜的休閒式「移地訓練」，調劑一下身心。我們室外參訪的內容很多元，去美術館不只可以看展出品，我們連美術館的倉儲設計、館藏特色、經營細節等都參觀了，能看的、能說的全挖出來，最後留下大合照，皆大歡喜，因為他們遇到我們這群會問問題的人，讓他們充滿了自信。

公司的員工離職或新進是難免的事，為了讓新進的同事快速了解公司的過去和現在，促使我們產生了「歐普內部檔案」這個紙本刊物。創刊

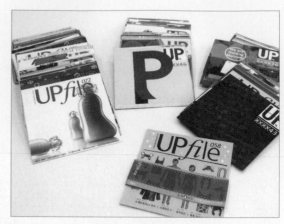

▲歐普內部檔案是歐普講堂的延伸閱讀。

之初是想記錄下「歐普講堂」的內容，如能將幾個人的小講堂內容分享給更多人，那撥冗來分享經驗的講師們就可以繼續流傳，除了教育自己人又可分享別人，這是我們獨立發行「歐普內部檔案」的初衷。

很多人上了職場還需要不斷再學習，以保持在專業領域上的水平。在公司內部有計劃地安排員工教育訓練，那是很必要的；對一個小貓兩三隻的微型設計公司而言，那是一個夢想。除了「歐普講堂」，我們也曾專程請外面更專業更資深的人來講座，如王明嘉老師就曾來分享他的文字專才，過去的一點一滴傻傻地做，也不為什麼，就是想做。

交流分享

　　時間過得真快，開始倒數計時，每天分享一篇歐普 25 年來的點滴，從倒數兩百多天日子開始，今天已破倒數十天，正式進入個位數的倒數日。在此感謝一路陪伴我們的朋友，其中分享的人事物工作個案等，都是發生於歐普的真實故事，我們期望透過這些日子來的分享，讓客戶、朋友、師生及對設計業有興趣的人，有一個彼此瞭解的平臺，我們也藉這些日子來沈澱了想法，這不是歐普的私事，是反映出努力在這塊土地上，追求設計認同及設計價值朋友們的共識，讓我們一起努力。

　　關於分享，是付出也是收獲，我們很喜歡交朋友，不管從哪來的我們都歡迎。閒聊分享中，我們也更了解我們自己的不足，知道不足之處，才能再充實改進，這就是收獲。

　　我們經年累月地交流，辦講座、辦實習，久了自己也像杯中的水一樣愈來愈少，這個時候，我們就會有空間再繼續加滿水，就這樣不斷換新水，不斷分享，我們的收獲也不斷地增加。有時間就會推薦或與同事去聽一些不錯的講座，這樣除了可以培養共同的興趣，更可拉近彼此溝通的頻率，講座會後總會拍個照留念，也代表

著給演講者熱情的支持及道謝。有次講座的翻譯者,正是多年前公司的員工,現已在日本生活、教書並傳承大師的精髓,看他有如此的成就,真是為他高興,同事們都努力不懈地追逐自己的夢,公司豈能停滯而不前進。

　　很多國內外的設計朋友到歐普來參訪交流,我們都抱以誠摯的歡迎,早期我們也常到國外的設計機構去做參訪,中間我們交了很多朋友,更學習了很多知識,現在有朋自遠方來,歐普有機會接待他們,一定善盡地主之誼,在交流中我們會將重點放在兩地設計產業的發展現況,鮮少去提自身公司的作品介紹,朋友老遠來了一趟,有機會當然多讓對方了解臺灣設計的整體實力,讓他把我們的設計現況帶回去再分享,而我們也可趁這個機會去了解,他們國家是如何在經營他們的設計產業,這種深度的互訪交流會比走馬看花有意思多了。

▲國立臺灣師範大學設計學系來訪。

▲東京-gtdi 設計公司來訪。

▲大阪- 杉崎真之助來訪。

▲韓國成均館白金男教授來訪。

▲日本包裝設計協會來訪。

　　自從 1994 年我們出版第一本包裝設計書時，在書中發表一些創意思考的法則，當時有些朋友看到都會驚訝地問，為何要將公司的一些資訊向外發表，其中有位是香港設計朋友，他說這種事香港人是不會做的（不知現在還會不會一樣），我當時也被問得不知如何回答是好，但清楚的是，我們絕非愛現，只是很單純地將一些我們從工作中得到的心得與人分享，藉由三本書的出版，從中不斷提出一些新的論述，不知對外界的影響有多少，但我們也沒因此得到負面的結果，有經驗就分享吧！反正歐普常常有新經驗產生！

▲歐普發表的商業包裝設計書。

　　從創意設計到後製作出成品的過程，常會面臨到很多知識及技術不足的問題。這一過程我們稱之為「設計工程」，而在工程裡有很多不是本領域就能解決的事，跨領域後的不同專業術語或技術，需要能整合，歐普官網上設有一個「設計答人」♀ 的平臺，希望藉由其平臺分享給需要的人。歡迎創作的朋友將你需要解惑的問題提出，知道的我們答，不知道的我們一起來找答案。

　　歐普每天都會有新的創作產生，待這些作品成型上市後，我們都很想分享給我們的朋友，於是創立了「歐普粉絲團」♀，以「設計是服務於眾人之事」的永續事業之精神分享給所有人。歐普每個月會固定將一些設計的經驗事件，及新上市的作品與一些製作知識，以電子報的方式分享擴散，在單向的發訊中其實我們更希望得到你的回覆及指教，「歐普電子報」♀ 歡迎訂閱指正。

♀ 設計答人 Issue Me ─────────
http://www.upcreate.com.tw/ch/issueme.php

▲ 每個月固定來一次的Popup。

歐普粉絲團
https://www.facebook.com/UPCDco

歐普電子報Popup
http://www.upcreate.com.tw/ch/news.php

實習機制

　　實習機制很適合設計這行業，設計是需要技藝傳承的工作特性，歐普每年都開放一些實習名額，因空間有限，我們都儘量協調，給同學一個了解職場實戰現況的機會。從中透過與各世代未來的設計師們溝通，因此我們成立了「歐普實習聯盟」♀ 粉絲團，期望能讓更多人了解，設計技職需要傳承，雖然獲得短暫的實習經歷，結束後各自發展，如能將自己的經驗分享並傳承下來，讓這個聯盟串連在一起，分享彼此未來獨自創作的路上，將不再那麼無助。

▲UPclub- 歐普實習聯盟。

♀歐普實習聯盟 ————————————————
https://www.facebook.com/UPdesignclub

2013 年歐普代訓國際技能競賽的選手報到，是歐普第三次代訓國手，我們代訓的是圖文傳播設計類中的「包裝科目」，在近兩個月的培訓中給予商業市場上的實際操作，我們願意花時間及空間給予選手機會，目的是期望利用這個機會深度培養一些人才，不管未來的比賽成績如何，終究這些選手經過多次的洗鍊，才能有機會到這裡。競賽是一時的，最終他們都要走入職場或學界，如能建立一些對包裝的基本認識或興趣，慢慢地再深入影響其他同業、學子，也算是功德一件。

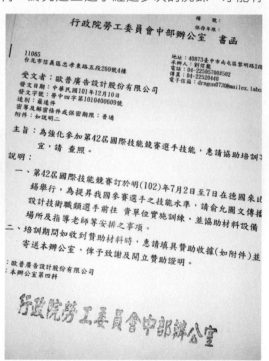

▶ 能多教一個算一個的技職傳承。

　　每學期都會有寒假實習同學來報到，實習傳承的文化在歐普已有十幾年的舉辦經驗，但每批同學的到來，總要花一兩個鐘頭重新介紹一次環境及工作準則，這個過程不能馬虎，是為了能讓這批即將踏入社會的準新鮮人，脫去學校被動的學習制服，換上主動積極的社會服。除了行政事務的講解外，歐普會發給每位實習同學這本橘色的草稿本，目的是要他們先動腦在草稿本上，再動手於電腦上，養成這個正確的創意流程，待時間久了，回頭再來看看這本草稿本，是成長或是保持現況，自己比誰都清楚！

　　對他們而言，新的開始如能建立在正確的價值觀上，在學習結束離開後，他們一定可以走得更遠。

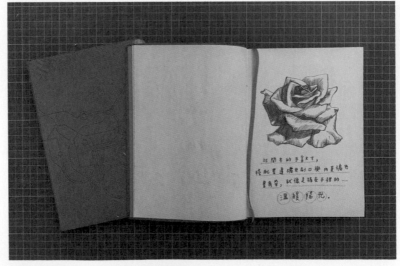

▲橘色草稿本是紙商友誼贊助，發完就沒有。

　　每年每梯次實習生的離開，不只他們帶著滿滿的學習離開，歐普也留下滿滿的卡片，如要累積多年來的卡片，肯定可以辦一個實習生的成果展了。這些是記錄他們在歐普的經歷，我們從這裡累積了與年輕設計師互動的經驗，待哪天他們展翅高飛，雄霸一方成為大師級的人物，那這張卡片就更有價值了！

　　多年來有些當時在歐普實習的同學，現在很多都當上老師。這是一種傳承，也是一種回饋，讓他們提早接受社會的洗禮，自己適不適合當一個設計人，或是更清楚自己的出路，也免去走一些彎路。這樣開放實習的計劃，給同學一個機會，同樣也給歐普一個尋求人才的好機會，也算是人才庫的儲存，彼此雙贏！

▲同學們滿滿的學習離開，歐普也留下滿滿的卡片。

大眾路線

| 日本設計的未來學 |

　　大陸留日設計師朱鍔先生針對訪談日本一線設計師出版《日本設計的未來學》一書當中，訪談了三宅一生、深澤直人、原研哉、佐藤可士和、隈研吾五位不同領域的設計師，談到各位大師級人物對生活體驗的看法，給我們更加深地認識他們的設計觀，教會我們如何看設計、做設計。

　　作者問三宅一生：「你這輩子做了什麼事？」

　　他回答：「裁了一塊布」。

　　回答得很直白，這不就是一位設計人一生想做的一件事嗎？對事物的執著，如作者序言提到「好的設計師，必先是明眼達人。」設計的學習，始於磨練眼力和眼界的修行，所見、所聞、所行積累到能讓自己雙眼清明，妙劣自能早早了然於心。「好設計」必是「無設計」，何謂無設計？心外無設計，即「心設計」：想設計做設計時，不基於設計的技巧、技法，而先做「心思」梳理，說起來容易，修行起來卻是刻苦的工夫。正如三宅一生他雖已是大師級人物，但還在執著的「裁一塊布」。

▲悼念大師「福田繁雄」的交流海報，念在讓我們看過去望未來。

| 物有生死 道無始終 |

從北京呂敬人老師寄來的〈書籍設計〉季刊，在扉頁上寫著「物有生死 道無始終」--- 僅以此與從事書籍設計藝術的同仁共勉。

長期專攻一項，誓為職志，必有所成，呂老就是一個活生生的例子，每逢至北京出差，總會撥空跑去他那兒喝口茶，上個廁所。茶雖香，但總能在他的工作坊內，聞到陣陣更濃的書香；每每總被他那股對書籍裝幀的熱情所感染，也隨之進入書籍的設計故事內。

見面話語間，他總是很客氣地說：「與王老師學習」，其實我才是去學習學習，他老愛跟我聊包裝結構設計的事，我也老抓住他的裝幀結構不放，我從中學會很多有趣的書籍結構的知識，也給我在工作上有了些幫助。

每個人身邊總會有幾位深交摯友，沒有行業別、沒有年齡性別的界限，三人行必有我師焉，好好善待你的智友，他總在不經意之處，給你一盞明燈。

道無始終 --- 共勉。

▲作者與呂敬人教授。

| 原研哉 & 保羅 · 蘭德（Paul Rand，1914~1996）|

　　原研哉與阿部雅世在《為什麼設計》的書中是以兩人對談的方式，提出對設計的看法，原研哉先生是 1958 年出生，目前算是日本新一代的設計接班人，活躍於世界設計舞臺。他所策展的「RE-DESIGN」、「HAPTIC」、「SENSEWARE」是揭露社會所面臨的問題與設計的交叉點為主軸；阿部小姐 1962 年生於東京的建築設計師，長期定居歐洲，以工業設計、織品設計獲多項國際大獎。

　　書中多次談到「職人」一詞，從兩人的成長而言，在不同文化生活，而最後生命裡還是回到日本早期「職人」對他們的影響。阿部小姐在義大利鄉間與「老職人」一起開辦的工作坊，也讓原先生想到他將畢業之時對「職人」的尊敬，由一問一答的對談中去理解他們對設計的願景。有趣的是，在英國街頭販賣的「彩色 OK 繃」，原因不是流行，而是要來自世界的各色人種都能接受的商品設計，在亞洲的黃種人，只需要膚色一種就可，這就是一種文化型的商品設計，這也是我第一次聽到的觀點。

　　蘭德給年輕人的第一堂啟蒙課「設計是什麼？」，巧的是兩本書都在談「設計是什麼」。蘭德這本是他 1995 年受邀於亞利桑那

大學講課的摘錄，「設計就是關係。設計是形式與內容之間的關係」…很多精簡的觀念，但句句都是那麼精準，所以才有資格被喻為「史上最偉大的平面設計師」，光在這本書上就列出了 128 本的參考書目。

　　而從兩本都談「設計是什麼」「為什麼設計」的論調來看，Paul Rand 先生重視是問題定義背後的意思，必需先搞清楚邏輯，先弄清楚 ----- 是我要怎麼做，而不是我要做什麼。而原先生與阿部小姐對談較從自身的生活（文化）情感為出發，並有太多日本當地文化，非我們能懂，看起來就有點吃力，如真要比較，只能說：「小我」跟「大我」的什麼是設計。

...對你來說，

設計是什麼？

| 包浩斯 (Bauhaus) 建立 |

1919 年 4 月 1 日由華爾特・格羅佩斯 (Walter Gropius) 在德國威瑪 (Weimar) 創立「國立包浩斯設計學校」開啟了現代設計史，也為工業時代的設計教育開創了新的紀元。

在包浩斯建校短暫的十四年三個月中，發表了兩篇宣言 (1919 創校宣言及 1923 教育宣言)，其內容意思深遠的影響了現在的設計教育；在創校宣言中有段提出：「藝術不是一種專門職業。藝術家和工藝技師之間根本上沒有任何區別。藝術家只是一個得意忘形的工藝技師。在靈感出現並超出個人意志的珍貴片刻，上蒼的恩賜使他的作品變成藝術的花朵。」

然而，工藝技術的熟練對於每一個藝術家來說都是不可或缺的。真正創造想像力的根源即建立在這個基礎上面。這段宣言讓我們體認到「技職教育」的訓練，在設計創作上是多麼的重要，包浩斯主張的工廠實習制的教育方式是對的，在設計工作上存著師徒傳承的過程中，要創作出超前傑出的好作品，如果不理解工藝技術及材料應用，那談何創作的突破。當前學校所培養出來的學生，都只會做皮毛，深入的人文素質宛如是皮肉，紮根的技職訓練就是骨

架，兩者缺一不可，最不重要的正是「皮毛」，所以常看到一些眼高手低的創作滿天跑，這還好些，更遭的是「眼低手也低」，還自以為是。以上送給有心幹「設計」的新一代。好好幹，才對得起佩斯爺爺在天之靈。

▼工業美學的發展，殿基了現在多元的產品創意。

| 臺灣設計好萊塢 |

　　娛樂圈不斷製造八卦，滿足了我們偷窺的慾望。所以興盛不衰，如此製造話題以滿足大眾的注意，也是他們生存的方法之一，大家互利，樂在其中。設計圈的八卦沒人理會，只會在圈內引起更大的波瀾，毫無意義更傷和氣。既生瑜何生亮，常是設計人的霸念；推翻別人建立自己，更是設計人的作風。這是人的普遍心態，不管在圈內多久的人，這想法依然有人奉守，我們都曾是參與遊戲中的一位，回想有點幼稚。否定別人，自己不前進，光環也不會戴在你頭上，終究這是一個論實力的時代。

　　好萊塢所出品的電影稱霸全世界，可謂商業模組化的成功典範，故事創新、技術前衛、題材多元、演員分眾……，這個產業鏈的發展，如此的成功，不是單一人可以達成的，是每個人站在自己的位子上，扮演好自己的角色，相互共利。

　　任何故事的精采與感動，都因為有「人」，設計創作的內涵不也是在展現人的純真唯美的理念嗎？臺灣這個小島，從事設計創作的人才，密度之高也是一份力量，如能像好萊塢一樣，有各式各樣的演員，老中青同時能在舞臺上飆戲，各有各的代表作，各有各的

存在價值，今天你當主角，明天換他當主角，這產業才能玩得大，
其中的連貫產業也能提升。

▼西方文明與中國文化相互輝映，交織呈現互動的臺灣光芒。

| 極地之光 – 瑞典的設計經濟學 |

　　又是一本與設計有關的書，談的正是近年來大家所關注的「極簡北歐風」。作者走訪 25 間公司、30 幾家中小企業、70 多位設計師、3 所大學、4 個產業組織，累積大量資訊撰寫了這本書。書中從瑞典的社會文化、歷史、民族、創業精神、行銷管理、福利國制度、政府對設計的政策等，很深入帶我們去看瑞典的文創起落及目前所面臨的窘境、各自處境及文化背景不同，了解人家的優點可讓我們反省不足之處。看到他們的問題，反問自己，有比人好嗎 ??

　　2007 年，在瑞典每 278 位有勞動能力的人當中，就有一位是有著設計專業背景的人，每 320 人當中才有一位醫生；瑞典設計師的密度比醫生高，人數也比警察還多，很多數字對於官方與民間就是有不同的解讀。反觀國內的設計師人力比，每年學設計（廣義）畢業的學生，約有三萬伍仟人左右，以臺灣二仟三佰萬人來算，每 657 人中就有一位設計人出社會求職，再去掉 18 歲前及 65 歲後的人口數，那比例更是低於 657 這個數字，由此看我們跟瑞典的設計職人的就業比例不相上下。北歐的成熟教育制度，我們跟不上，如今瑞典已出現人才供需失衡的問題，難道我們還沒看到這臺灣設計產業的未來嗎？

此書最後提到：……放下了謊言與自我欺騙，真正地面對了自己不足之處，不曖昧、不躲避，誠實地面對自己。改變，於焉發生。

▲從這瓶30年以上的包裝設計，讓我們回頭檢視，我們要的簡單的生活還是充滿虛假的外表。

| 經歷與經驗 |

　　學校畢業即投入職場工作，從助理設計一步一步做起，隨著時間的推進，幾年過去了，累積了一些工作經驗，晉升為設計、資深設計，爾後是指導的位階，要不就自創業當上總監。就像時間的延伸，經歷也跟著升一級，宛如進小學、國高中、再來就是大學、研究所，只要踏實每一個階段，時間到了，在學歷上也就自然加上一筆。我個人認為這只是「經歷」，這類的經歷在現行的設計行業中，比比皆是，沒有什麼對錯，只是現狀的描述。

　　我常從一個人的簡歷中，去看他的「經驗」，這個人經歷或許不那麼資深，但從他的作品經驗，可以看出其具價值的一面，比如他只有一年的工作經歷，但參與過幾個知名品牌的規劃，做過幾個企業形象，一些品牌包裝等這些就是有價值的經驗，如一個有十年工作經歷的人，沒有這些經驗，要我選，我會選前一位。

　　常有客戶會問我，有沒有做過某某產業的設計案？從這也反應出，不管你公司開多久，你多資深，一切照商業規矩來、照經驗來，這就是設計產業的生態。

　　以前做廣告時，每年經手的企業年度預算都上億，這樣磨練出的工作經歷，累積了很豐厚的經驗及案例，當然當接手少於這樣預算的工作，就輕鬆了許久。不是創意上可放鬆，而是在整體的規劃執行上就有之前的經驗可以輔助我更快更好地完成，這就是「經歷」與「經驗」的價值。

▲創造此類產品的包裝設計先趨經驗，將代表著設計經歷中的價值。

| 觀眾願意給掌聲的 - 創意 |

創意是一個走鋼索的過程。

　　嚴格來說，創意沒有好壞，創意只看有沒有效，能不能讓人共鳴。尤其在商業市場上，沒有效益的創意，不能牽動消費者心緒的創意，無法得到認同的創意，最終還是一張失敗的塗鴉，只能被揉成一團，頂多循一個漂亮的弧線，強裝優雅地進入垃圾桶長眠休憩。

　　所以創意如同走鋼索，不在乎走得好不好，而在乎觀眾願不願意給予掌聲。沒有掌聲，在鋼索上走得再好也是異常孤獨，身段的美妙只能孤芳自賞，只能一個人感受高處不勝寒的寂寞。可是身為創意人，即使未必能有掌聲，即使有時孤獨，即使常常寂寞，卻是令人甘之如飴的不悔。

　　那麼，什麼是創意？

「沒有創意就是一種罪惡」
前輩曾經如是說。

「創意就是一項冒險，而且要勇於冒險」
大師往往這般諄諄教誨。

「創意是一場永無休止的心智粹煉」
廣告人不斷的如此自我催眠。

　　不過我們認為，創意沒有那麼多複雜的意涵，創意的定義其實很簡單。創意就像是料理裡的調味，是一個畫龍點睛，是一種色、香、味的必然誘惑，或許口味的喜好可以因人而異，但沒有調味的菜，卻是無可饒恕的失敗，絕對不能上桌。

　　因此，不管您喜不喜歡我們的創意，我們都跟您保證，我們的菜一定色、香、味俱全，歡迎品嚐。

| 通往下一個目標的鎖鑰 - 堅持 |

人類因夢想而偉大。

　　有時候夢想很遠，遠到長途跋涉，夢想卻還只是顯露一絲微弱的光芒；而有時夢想很近，近到相距咫尺，稍微伸手便可輕易攫取。不論夢想是遠是近，想要夢想成真，唯有「堅持」，才能有效提昇圓夢的百分比。

　　是的，很簡單的兩個字---「堅持」，沒有多深奧的道理，沒有太華麗的面貌，但卻是通往 wonderland 的唯一鎖鑰。沒有夢想，《聖經》裡的摩西不會有勇氣帶領族人上天下海，無畏地前進。但是卻是堅持，讓《聖經》裡的約書亞，可以真的找到「流著奶與蜜的神所應許之地」。

　　所以，沒有「堅持」，夢想不論多偉大，都僅僅只是夢想。只是，「堅持」很辛苦。

　　尤其在這個強調高度彈性，講究身段柔軟，重商主義充塞的氛圍裡，「堅持」，很辛苦。

　　尤其在這個唯變色龍得以生存，唯偽善者得以勝出的金錢遊戲裡，「堅持」，很辛苦。

　　特別是在這個談論誠信是傻子，在講求追逐利益的都會叢林裡，「堅持」，真的辛苦。

　　於是「堅持」似乎成為一種美德，一個在舊時代殘存的美好記憶，適合供奉，適合膜拜，卻絕對不宜拿來作為實踐的綱領。然而，如此的美德，如此一個屬於舊時代的價值，卻是歐普至今屹立25 個年頭，而且不曾須臾或忘的立足點，既是信念，更是信仰。

　　因為「堅持」，所以我們創意獨特。
　　因為「堅持」，所以我們追求專業。
　　因為「堅持」，所以我們呈現效率。
　　因為「堅持」，所以有時後我們必須跟客戶說「不」。
　　因為我們認為，客戶所付託給我們的，不只是滿意，而是成功。

　　如果我們能有一點小小的成就，這成就也必然是在客戶成功的土壤上，所開出的花，所結成的果。所以我們相信，以一種虔誠的心情，相信「堅持」，「堅持」相信。

「一旦所有工業處於價錢和功用相等的
競爭水平上，設計將是勝敗的關鍵。」

Constant Nieuwenhuys（荷蘭文化評論家）

「設計已經開始民主化。我們所處的周圍景觀已經
改進，人們更像評論家，不只是觀眾而已。」

Karim Rashid（1999 年 George Nelson 設計獎得主）

「這是設計的黃金時代。」

Syas Mark Dziersk（美國工業設計師協會主席）

| 用視覺說故事—設計 |

什麼是「設計」？根據「中國百科大辭典」的解釋，「設計」的原意是指「藝術、文學、音樂及所有行動的企劃和構想」，狹義的說，「設計」也指「建築、服飾以及各類商品等作品的計劃、構想」，或者「基於資料處理的需要，而將問題作成程式或系統等工作的過程」。

這樣的解釋表面看似乎很清楚，但卻又有說不出的模糊。模糊是因為，上述的解釋在字義上又冷又硬，感覺上距離好像很遙遠。或許換個輕鬆點的方式，「設計」這兩個字可以跟我們貼近一點。簡單說，「設計」其實是一個「說故事」的過程，一種「溝通」的方式，包含有形以及無形的什麼。

以「企業識別」(Corporate Identity) 為例，公司名稱本身所透露的意涵，公司名稱化為可看得到的字體，其形體、大小、顏色所給予人的感受，公司 Logo 因其圖象、結構所傳達的訊息，在在都傳遞出這家公司的內容、這家公司的文化、這家公司的企圖以及對於未來長遠的願景；甚至還包括這家公司在社會所扮演的角色、定位以及肩負的責任。

　　同時，透過這個說故事的過程，讓這家公司和所有他所觸及的對象「溝通」，以達成彼此的了解，並建立「互信」的關係。

　　在上述的解釋裡，有兩個名詞很重要，一個是「溝通」，一個是「互信」。若更進一步詮釋，「設計」其實是一個「溝通」的手段，而透過「溝通」，「互信」於焉建立。

　　在高速競爭的社會裡，在商品爆炸的市場上，「互信」成為行銷上不可或缺的利基 (niche)，因為「互信」代表品牌的忠誠，「互信」意味價值的認同，「互信」讓生意無往不利。

▲溝通正如齒輪運動，能將每個獨立的個體相互牽動而達到其目的。

參缺壹

▲先祖智慧方城戰，四人成局方可盼，若留三家獨缺一，遊戲不成空嗐歎。

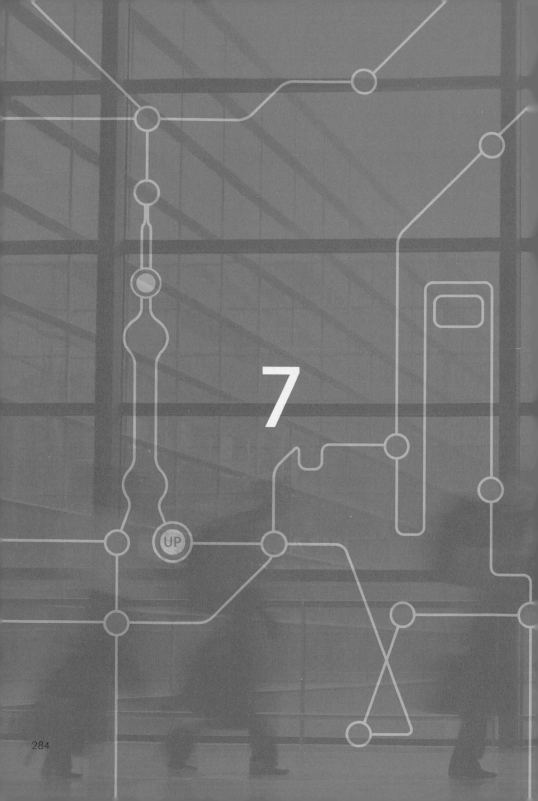

7

向西走

　　人生中有很多緊要關頭，我們必須要下個決定，愈是在緊迫時，下的決定愈是說不準，然而許多事，本都是這樣一步挨著一步走。生命是永續的，但生活要轉型、工作要轉型、自己要轉型、知識要轉型、公司要轉型、社會也在轉型，連周遭的朋友都在轉型。

　　我們太習慣待在舒服圈內生存著，誰都不想遇到「緊要關頭」，至於改變及轉型的念頭，最好想都別去想，快樂出門平安回家。看看甄嬛 vs. 華妃，誰又被一丈紅 ...，終怕自己大刀闊斧轉變的大策略，會是個大錯誤，因此，習慣性地找理由來安慰自己，我很快樂。

　　山不轉路轉，路不轉自己向後轉。設計人最會自己找出解決的方式，現在市場在移動，設計工作是最貼近市場的一個行業，哪裡需要就往哪走，沒有界限沒有上限，因為設計人是用視覺在征服世界，沒有語言的問題，這是我們的天職。設計創新向西學，市場轉移向西行，大家準備好了，在西方極樂世界好好交流，在西方極樂世界插上自己鮮明的大旗。

UP

上海歐璞

去得早，不如去得巧。歐普進大陸接設計案要從 1993 年算起，當時尚不了解內地的情況，所以沒有進入設點，然而當正式在北京設辦事處時，不巧遇到「非典」打亂

臺灣找出路
大陸有門路

了我們的計劃，再次登陸我們就擇定上海重新出發。我們去得不算太早，進去的時機也不算巧，這些是改不了的事實，在開放的自由市場，大家機會都是一樣的，各憑本事，歐普在臺灣成立也不太早，一路走來也不取巧。現在的臺灣設計產業競爭狀況，也有很多同業們到了大陸去開拓市場，各自努力在找門路。現在要進內陸已不算早了，就看自己去得巧不巧。

在大陸第一次設點選在北京，當時想：首都在政商發展上相對穩定，適合企業長期發展。這樣的想法，現在看起來是沒有經歷真實市場的美好想像，蹲了幾年看到真實的一面，這個學費繳得可值得。聽了很多成功的故事，但也親眼看到更多的失敗，不會拉大家進攻大陸，也不會說那兒不好，每個人都有主觀的認定，終究自己公司自己挑，有人成功，有人尚在努力，唯有自己繳學費才有體驗。

2008 年 4 月，歐普 20 週年之際，我們再度踏進上海，成立上海歐璞廣告有限公司，這是進入中國，正式樹旗，以打死不退的精神去耕耘這塊商業設計界兵家必爭之地。抱著跟創意一樣的精神「創造遠景，使命必達」的信念，做就對了。

目前歐普在上海設點，所服務的項目以綜合商業設計為基本，再以我們自己的能力慢慢發展至品牌策略之領域。大陸市場對品牌的需求與臺灣對品牌的看法不盡相同，幾年的接觸互動中，慢慢才理解他們企業對品牌的認知；大陸幅員廣大，東南西北文化民情差異很大，每到一處我們都要重新了解當地人文，所以必須學會快速消化、及時且即時回應的應變力。

大陸地區的幅員廣大，東南西北各省的地理文化差異大，我們將辦公室設於上海，是以商業密集度為考量，在軟硬體協力的配合上也較成熟，但辦公室的應用不大，只是一個定點的服務，客戶群遍及各地，不能只以服務當地客戶為考量，我們採移動辦公室的方式來因應，這樣才方便臺北、上海、客戶三方對接。

| 佛要金裝 |

　　前些年內陸有很多客戶都喜歡先來公司看看，才決定合不合作。其實，公司環境硬體有什麼好看，而軟實力看表面也看不出來，反正要看、要問、要聊、要考，歐普都隨時歡迎，在大陸歐璞也不過是間小廟，也沒幾位和尚，時間久了，和尚頭上的戒疤也自然點滿了，嚇唬嚇唬人還行，但只要能靜下來的客倌，絕對可以聽出歐璞念得一口好經。我們沒把心力用來裝飾華麗的大堂，更不會去臨時抱佛腳忽悠（唬弄）別人，幾年來有些客人不進廟來，有人一進就常常來聽聽經，一切隨緣，因為我們用心在為客戶念經，他們聽得出來。

　　有些客戶很重視設計公司的門面，但對於我們這種提著NB到處去賣藝的微型公司，考量門面與實力，我們努力在後者拿出成績。其實門面再大也大不過天安門，提案所需的專業氛圍，是成敗關鍵。上海

▲移地會議室隨時保有最貼近客戶的需要。

歐璞是以移動辦公室的機動方式為客戶服務，所以在提案會議時，我們就近善用國際會議室的先進硬體來幫我們順利完成提案。

內地工作守則—簽約

在內陸的客戶很喜歡用簽年約或是用營業額提成（抽成）的方式合作，不知這合作模式的建議是出於誰的創意，但我個人覺得不是很妥。目前歐普在內陸的客戶有兩類，一是純外商，另一是陸資企業，包括國營及私人企業，但會對我們提出以上合作模式的只有私人企業，不過我們並不會答應這種合作模式，總以專案的方式，做完一案就結一案。因為我們的服務是用專業去幫客戶解決商業上的問題，而不是投資公司，等著客戶業績來提成。案子完成後，我們獲得應有的費用及尊重，客戶業績就靠客戶後續的努力成果；簽年約的合作方式將模糊了彼此的權利義務，好像是廣告或顧問業的遊戲規則。對於設計業來講，目前我尚未看到成功的例子，因為這中間存在太多的模糊地帶，不像設計圖，即見即所得這般單純。

在內陸做設計，前期有很多工作要鋪陳，從開始接觸到正式提案，快者也要兩三個月，慢者長達一年也不意外。內陸的設計產業已很發達，選擇性也多，所以一開始接觸就好像在「面試」，有時從下到上要「面試」好多次才有結果，他們習慣集體開會，老大點頭，老總拍板，每次提案總要準備好幾套劇本因應。在內陸工作過程中還有一些潛規則必須要小心應對，畢竟好的創意要想順利面

市，企劃溝通的能力一定要強，需要充分掌握客戶的喜好以及遊戲規則，不然好創意終將束之高閣。

|跑單幫到「境外級」服務|

　　出門在外，廣結善緣，入境隨俗，強龍不壓地頭蛇，從 1993 開始進入大陸，從零星的跑單幫式接案子回臺灣設計，到正式在上海登記法人公司，一路走來歐普都秉持這個原則在處理大陸的事務，我們認識很多大陸的設計師、學界、出版界、協會及客戶朋友，還有一些臺灣的設計同業，歐普很清楚自己的角色，我們只跟客戶談生意，其他純交流不必要就不談工作，這樣下來大家都很愉快。

　　以朋友之情交流交往沒有壓力，幾年來由客戶變成好朋友的人愈來愈多，這些朋友就是歐普的超級業務員，臺北歐普輸出的是創意，上海歐璞輸入的是生意，各自分工，其餘的免談。

　　在大陸的經營模式，歐普採用內地接單，臺灣創意，中國製造。因為與歐普同質性的綜合設計公司，在大陸有千千萬萬家，在內地多一家少一家根本沒有差別。內陸選擇境外的設計公司當然以香港為優先，再來日本歐美很多設計公司也進入中國。臺灣的設計同業也如繁星在內陸各地插旗，同業們在臺灣的競爭也延伸到大陸去，

面對的不只是臺灣同業，還要與在地及各國的同行業 PK，我們唯有保持臺灣水平及深度的專業服務，堅持在臺灣產生原創，並用臺灣的專業服務流程來拓展歐普的路，幾年來我們已努力爬升到內地客戶所謂「境外級」的服務質量，我們還會繼續努力。

大陸的業務在作業上我們分為兩塊來處理，「企劃收訊」及「策劃整合」的作業我們由上海歐璞來主導，與客戶溝通明確後，再將訊息整合完整交由臺北歐普來執行視覺創意。我們將主要的視覺策略放在臺灣製作，目的是有別於當地的設計公司，因為長期以來臺灣在整合及執行溝通上有較豐富的經驗，設計創意在臺灣執行也是客戶想要的價值。

在內地接案，歐普採定點承接服務，以移動提案的方式機動服務客戶。我們無法事先知道新客戶來自何處，即以上海為對應窗口，待進入設計執行業務時，再由臺北人員飛往客戶所在地與上海同事會合，共同與客戶對接，這樣在創作品質及時間成本上才能有較大的競爭力。

在大陸搞營銷策劃，需要看得很遠，未來變數誰也無法掌控，那策劃人員憑藉著什麼去擬訂計劃？從以往的經驗及對事實深入了

解為基礎,更重要的是對該產業做深度的整理功課,並與客戶進行
透明化的溝通。

有心,誰都可以做到。我們在兩岸的競爭之中如何生存,靠的
是前述歐普長期以來的堅持及信譽。

設計沒有國界、民族、政治色彩,這行業是用專業的技能來換
取應得的回報及尊重,哪裡需要,就往哪裡去。

▲大陸的企業在尋求國際品牌的合作,設計工作也在尋找國際案例的合作伙伴。

共創「中國夢」

我們都知道商業設計的價值依附在繁榮發展的市場中，其市場經濟規橫越大，所需要設計服務也就越大。近年來「在地化」價值的被重視及興起，文創產業正順這道風勢而起，從世界各地吹起，吹向臺灣吹到對岸，此時兩岸的創意產業正是可以聯手做些事情的時候，臺灣已太久沒有見到產業政策包括設計產業政策的大方向，在學不學產無產的現狀下，為了活路我們可以轉移去關注對岸的整體政策綱領，最近在中國人大會發表的定調中，將以「中國夢」的總戰略目標為未來的大框架，有方向有目標各行業就可各自努力達標。

這是對岸的政策綱領與我們何關？當然有關，設計產業必要有世界觀，何況這是一個同文同種的大市場，設計人需要的就是一個舞台（市場）來印證自己的實力，有人揹負著眾望遠赴歐美去展志，我們當然可以西進去築夢，終日磨劍總需一試，然而舞台有了、劍也鋒了，不正是臺灣設計業的利多嗎？

　　事實上在「人才流、資金流、資源流」這三方面的充足，對於一家微型設計公司而言是夢寐以求的事，我們都知道要在一個市場上生存，首先要立足在這市場內。顧此失彼也是小設計公司的痛，在廣大的內地市場，你能插旗幾處戰場，又能揮動你公司的品牌大旗多久？

　　我們看到成功者都只佔極小數的比例，過往成功者也不一定是最後的勝利者。成功的背後需要多大的付出及努力，非外人所知，從臺灣設計業的歷程來看，對岸現在正在走我們以前的路，臺灣最擅長的就是整合能力，我們在整合中會從「人」的角度去思考利益，而對岸是從「個人」的角度去思考利益，兩者的差異也造就了臺灣競爭力，因為我們生長在這塊土地上養育出的思維，這也是我們的軟實力，更是我們技職優點，但有了這個優勢也難應付大江大海的競爭，唯有力行團結整合，而非光說不練。

如說放棄，將全盤皆輸，不願放棄，沒有把握成功，但，一定有希望，也可昂首仰望天空，這是給去大陸築夢的朋友們共勉。設計人看的是夢，商業上求的利，唯有放下設計夢，在現實的商業市場上找回設計夢才是王道。

如要追求中國夢，到頭來還是一句老話，也是實話相贈：在哪尋夢都好！唯有練就紮實的基本功，蹲穩馬步，勿貪勿虛，踏實活著，成功的果實才甜美。

8

轉身邁向三十

文創的興起，全臺設計公司無不磨刀想大廝殺一番，趁機爭取一席之地拿下話語權，想的人很多起身跳入的人更多，處處掀起一場文創之役，歐普當然也想投入這個光榮戰役，想想誰都可以想，但想何容易呀，再說這是一個玩資本的產業，試問臺灣那家設計公司是靠資本生存的，同業間下海投入文創者，成功的倒是沒聽過幾家。

再說文創產業，並不等同於設計產業，如要從自身擅長的行業輾轉到另一個行業，是要重頭來的，我們有多少時間準備？又有多少的把握？這些務實存在的客觀問題，沒人有明確的答案，更沒有人給你答案，但公司的永續的生存，是不能靜靜坐等答案。

遇到問題時，如山不轉，自己可以向後轉，也許目前我們沒有能力轉行或轉業，但是我們可以轉身，去看另一個面像，文創產業無所不包，將自己擅長的設計業轉個身，延續自身多年累積的經驗，來迎向新產業的到來。

三十年磨一劍

　　三十而立對一個輕年而言，此時正是成熟的年紀，無論在人生閱歷或是工作經驗，都俱雛形，也清楚自己的下一個目標，而對一個組織或是公司來說，是好是壞很難判定，三十年的公司不上不下，處在多變的設計產業中更屬忐忑期，每個人的下個目標都是選擇題，而公司的經營每天都過著選擇題，二十年、三十年或四十年沒有什麼差別，只是在適當的時間做出比昨天更好的選擇，也隨時在為下一個選擇而準備。

　　看到別人的成功，固然為他們高興，而換了自己去做是否能成功都是未知數，公司的下一步必需務實的看待，不能用賭的，更不能是興趣、喜歡的即興行為，每一件事情的成功，都可以套上，天時地利人和，這是恭唯的說法，而這之中是，時機——你當時選擇改變的時間點，機會——你當時選擇改變的環境氛圍，準備——你當時選擇改變的能力及人力。

　　三十年的時間裡，歐普積累了成功及失敗的工作經驗，從中厚實了很多專業技能，參與了很多商品開發案，培養並整合了很好的團隊，結交了很多同業朋友，認識很多上下流的協力伙伴，兩岸交

流互動頻繁，這非刻意經營的結果，而是我們長期無私分享而成，種種的因素構成，三十年來我們只守自己擅長的領域內耕耘，因此我們選擇用自己所及的能力來轉身，面對另一個新的挑戰。

設技學堂

職能意指個人在特定的工作中，所具有的潛在特質與能力的整合，是創造卓越績效行為表現背後的因素。就外顯能力而言，包括知識、技能、認知、創造力、人際關係、能力、行為、專業、管理等特質，外顯職能較容易透過後天的教育訓練來養成。內隱職能則包括動機、特質、自我概念、經驗、責任、態度、興趣、道德規範、個人性向、價值觀、心智能力等特質，是支撐外顯職能不斷成長的原動力。

談設計也好，談文創也罷，臺灣在職技方面的傳承，或是學校教育的都很少提及，如上述一位俱成熟的職能者，並非一朝一夕可能，沒有這些基礎，臺灣的設計已走的吃力，如何再去談文創。

文創是一個產業，面對的是廣大的消費者，而創造這個產業的人，也需要人來提供他們的不足及需要，就在 2015 年 6 月 2 日我們成立一個附隨組織「設技學堂」，來因應文創浪潮中需要的養份。

設技學堂
技術與技藝·歸零再定義

▲職技傳承人人皆有學習的權利，人人因學習而擁有知識的活力。

一個細節是一個點，兩個點連成一條線，三條線成為一個面，設計師所有的想像開始馳騁其中，但馬兒也可能失控脫軌，因為面崩壞了，線斷裂了，原來都是基礎點的不足，基礎功是老生常談，卻也是亙古不變的真理。技術與技藝，人人相傳承，歸零建構與自我定義，就是設技學堂想做的事，我們開始思索設計人要什麼，並從多年的工作經驗中深知，完成設計後接著要落地化，種種的工藝技術才是設計人頭痛的開始！

想把自己設計能順利的產出，真正難在後製的技術溝通，國外一位資深完稿員的薪水比設計師高，因為他能決解設計與製作上的專業問題，目前學校教學的重心全放在設計，而忽略了完稿的重要性，把後製工作推給印刷廠卻得不到你要的成果。

我們由專人企劃並執行一些講座及培訓課程，來解決這個設計人的痛點，終於第一場「節慶禮盒規劃設計工作坊」於同年 8 月 10 日順利開課，課程從最前端的企劃、包裝結構與創意的激盪、到面對客戶的提案技巧，及印刷廠實作體驗，是一次全面性的課程，還特別與知名品牌商合作，及到大型的印刷廠做實地的打樣及上課，並將學員的作品推薦給合作品牌廠做為正式上市禮盒包裝，這是一個跨界的培訓課程，確實在五天的課程中，讓他們學會一些實戰技能。

▲企劃、設計到製做，分組報告，講座中除了授與專業技能並培養團隊精神。

▲無師講堂無私分享。

| 無師講堂 |

　　由於這個大膽實驗性的工作坊成功，我們陸續規劃各種講座，其中邀請各領域專業講師，無私分享個人專技的「無師講堂」在臺灣北中南各地舉辦過無數堂的無私分享會，都受到一定的好評及口碑，而內容講師都可以算是行業內職技型的實戰者，經過兩年的時間，我們累積了很多技術知識庫及講師資源，這些基礎講堂適時可以讓學員用於自身工作上，厚實臺灣的設計力並能讓文創落地化很順暢。

8月 26	沒有講義的設計分享匯 週日上午10:00 · 主辦人：設技學堂	臺北市大安區仁愛路三段5...
6月 25	2018包裝名家實戰營 「深圳站」－紙、版－... 6月25日 - 6月26日 · 主辦人：設技學堂	深圳市龍崗區坂田雅園路 5...
8月 24	設技研習班(2期)──從企劃到落地 2017年8月24日 - 2017年8月28日 · 主辦人：設技...	北京市東城區地安門東大...
8月 19	包裝設計中的字體美學 週六下午2:00 · 主辦人：設技學堂	上海市黃浦區汝南街51號8...
5月 26	「設技研習班」2017第1期－紙版墨色工 2017年5月26日 - 2017年6月4日 · 主辦人：設技學...	設技北京市 東城區 地安門...
3月 11	2017快消品包裝設計趨勢論壇（中國·汕頭） 週六下午1:00 · 主辦人：設技學堂	汕頭帝豪酒店 四樓帝谷麗...
1月 7	印刷5祕技 包裝全解密（成都場） 2017年1月7日 - 2017年1月8日 · 主辦人：設技學堂	成都市紅星路35號 家寰...
9月 3	印刷5祕技 包裝全解密（北京場） 2016年9月3日 - 2016年9月4日 · 主辦人：設技學堂	北京市順義區安泰大街6號...
6月 25	包裝印刷5秘技-印刷非萬能，不懂印刷，包... 2016年6月25日 - 2016年6月26日 · 主辦人：設技...	上海市黃浦區黃陂南路700...
6月 18	設計好郵戲 設計企劃、設計技藝與設計開發 週六下午1:00 · 主辦人：設技學堂	派樂地(台北市松山區八德...
6月 4	精彩退場 立即進場--致設計新鮮人(台北場) 週六下午1:30 · 主辦人：設技學堂	松菸文創園區 - 133號合作...
5月 29	印刷不是萬能，不懂印刷萬萬不能！(高雄場) 週日下午1:30 · 主辦人：設技學堂	大東文化藝術中心 台灣高雄市
5月 29	精彩退場·立即進場－致設計新鮮人[高雄場] 週日上午9:30 · 主辦人：設技學堂	大東文化藝術中心 台灣高雄市
5月 28	精彩退場·立即進場－致設計新鮮人[台南場] 週六上午9:30 · 主辦人：設技學堂	台南市東區中華東路三段3...
5月 14	何清輝--非科班出身，如何成為廣告界小巨... 週六下午1:00 · 主辦人：設技學堂	派樂地(台北市松山區八德...
4月 10	字裡行間 字由字在 - 字型設計的用字讀字與... 週日上午9:30 · 主辦人：設技學堂	天地人文創 台灣台北市
4月 9	懂得算計，才能設計 - 包裝成本.結構新趨勢 週六下午9:30 · 主辦人：設技學堂	天地人文創 台灣台北市
3月 27	創新紙材的文攻武略 週日下午1:30 · 主辦人：設技學堂	松山文創園區 『139號合作... 台灣台北市
3月 27	直面強國設計現況 週日上午10:00 · 主辦人：設技學堂	松山文創園區 『133號合作... 台灣台北市
3月 26	印刷不是萬能，不懂印刷萬萬不能-升級版2.0 週六下午1:00 · 主辦人：設技學堂	文創園區 - 133號合作社 (...
2月 20	軟硬兼施，包裝出師-主流包材應用工作坊 2016年2月20日 - 2016年2月21日 · 主辦人：設技...	2016年2月20日 台灣積層...
12月 27	無私講堂 府城開講 - 印刷不是萬能，不懂... 週日下午1:00 · 主辦人：設技學堂	台南文化創意產業園區 - ...
12月 12	台中無私開講 - 印刷不是萬能，不懂印刷萬... 週日下午1:00 · 主辦人：設技學堂	漢塘創業育成中心 台灣台中市
11月 22	「印刷不是萬能，不懂印刷萬萬不能！」搞... 週日下午1:00 · 主辦人：設技學堂	松山文創園區 - 133號合作...
10月 31	「印刷不是萬能，不懂印刷萬萬不能！」... 週日下午1:00 · 主辦人：設技學堂	「松山文創園區」→台北市...
10月 24	「印刷不是萬能，不懂印刷萬萬不能！」搞... 週六下午1:00 · 主辦人：設技學堂	「松山文創園區」→台北市...

▲無私講堂辦

過的活動

| 兩岸知識交流啟航 |

　　隔年 1 月 18 日農曆新年前我們到大陸，在兵家必爭的上海辦了一場業內人士的設計茶敘，第一次踏入人家的地盤，我們沒有現富或去跟同行比腕力，以行業交流分享的心情去邀請大家，當時的邀請函是這麼寫著：

> *年前一場上海與臺北設計人的小聚，*
> *請你打理好心情，*
> *與你相約在午後。*
> *年節禮尚往來，*
> *收到的暖心禮盒，*
> *除了傳遞問候，*
> *還連接著心裡對話的儀式。*
> *我想與你分享這個觀察，*
> *喝著咖啡，端著熱茶，*
> *我們輕鬆優雅地彼此聊聊。*

▲ 知識迎新，設計茶敘。

　　我們找到大家都在做而大家都忽略的「禮盒的儀式性」話題，來做這場茶敘的開始，消息一出除了上海當地的設計，也有從外地來的朋友，一個下午的知識對撞相談盛歡，彼此相約下次見。

　　同時在臺灣的設技學堂課程，沒有中斷繼續的向前行，經過近一年舉辦經驗，並收集學員的返饋意見，再將課程內容修正調整更落地化更接地氣，第一堂線下培訓課程於 2016 年 6 月 25 日在上海開課，經一年的準備我們計劃在大陸的北京、上海、廣州及成都開課，半年內完成了目標。

▲2016/6/25 上海

▲2016/7/30 廣州

　　近年來設技學堂，在大陸的講座越來越多元，有五天的工作坊、有與產業的合作教學、有學界的委託專案課程，也有線上的公開課以及主題課有基礎課，並經營自己的公眾號來推廣這個知識經濟，由歐普設計公司延伸而出的附隨「設技學堂」已成為一個知識品牌。

▲2016/9/3 北京

▲2017/1/7 成都

從最難的下手

大家都知道設計人沒錢又毛病多，想賺設計人的錢真不是一件容易的事，從辦講堂開始確實也吃了不少苦頭，錢少服務多是在預料之中，但我們還是選擇這條路，就是因為門檻高，才決去挑戰它，過程中我們更謹慎，而一次次的課程結束，都得到不一樣的收穫，也把難搞毛多的設計人摸順，因此我們更有成就感，也更了解設計人需要什麼。

除了職技課程的開班，也配合課程需要，我們開始規劃設計工具本，順利開發了二冊工具筆記本，並陸續在規劃不同材料工藝的工具書，而在知識及職技的分工下，我們再創另一個工具用品品牌「素才 PlainPlan」。樸素，才有味道（Merchandise made from single raw material brings subtle texture.）簡單質樸、原始美感、沒有多餘裝飾。這就是 PlainPlan 想要傳達的個性。

PlainPlan 在一年內配合課程的內容，我們開發兩本設計師工具筆記本，一本是平版印刷專用，另一本是軟性積材印刷專用的工具筆記本。

▲素才PlainPlan logo

▲ PlainPlan 設計師的工具筆記本「平版印刷專用」

308

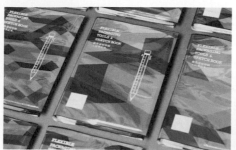

獨一無二的書衣封套。
萬花筒軟體隨機印出圖案, 每本皆是獨一無二的花樣鋁箔封套。

軟性基材印刷介紹。
內附12頁軟性積材印刷, 印前及完稿技術解析。

軟性基材材質色導表。
六種積材演示的材質色導表, 透明、霧白、霧面、鋁箔、白牛皮、黃牛皮, 顏色演譯好掌握。

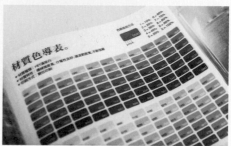

軟性基材材質色導表。
色票採用歐規標色法, 並以直觀式的清楚呈現鋪白、不鋪白之效果。

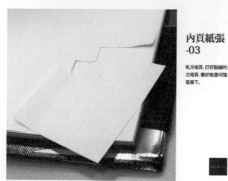

內頁紙張 -03
軋凹格頁, 打好裂線的方格頁, 裁好後邊可隨意撕下。

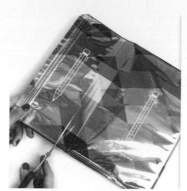

材質工具收納袋。
封套旁的小收納袋可放入各式文具小物以及收集來的印樣和色票, 剪下後亦可成為獨立的收納袋。

▲PlainPlan 設計師的工具筆記本「軟性積材印刷專用」

淺酌一杯，遙想當年

29 年前，某個月黑風高的夜晚，一年輕男子發瘋似地從床上跳起，喃喃自語地說著：受不了、太悶了，從此跑跳江湖……。

在當時普遍認為紅色富貴、黑色大方的氛圍中，男子反骨帶著一支違和的桔色鉛筆走天下，爬過一座座山丘，白天做業務、晚上做設計，口袋插滿麥克筆鴨嘴筆，桌上舖滿草稿紙完稿紙，過著狗臉的歲月，原來是從一個火坑跳到另一個火坑……。

跳出火坑，夢想路雖遠，總得邁開腳步往前行。踏著一步一腳印，慢慢摸索組建軟硬體，夢想一日日茁壯，回望已過小山丘。自己的夢想，唯有自己走⋯⋯。

設定目標，全力邁進。沒有飛機、沒有高鐵，小車雖慢，遲早會到，沿途欣賞一路風景，漫長的旅途豐富了經歷與經驗，感謝路上同行的朋友，不棄相伴而行⋯⋯。

隨著市場改變及成長，路上小草終成大樹。本著精益求精的專業態度，執行由小至大的合作服務，自己的森林自己栽種……。

走過大山，看過大海，萬物歸一，擇一而終。掌握自我專才，專供包裝領域，鑽研職技教育。磨劍十載，歸零、重新出發……。

擴大自己的專業，需要靠外界資源，唯有不斷充實，機會才會出現。將自身專業領域擴及行業領域，在飽和的市場大餅中，尋找另一個餅，並耕耘成大餅……。

二〇〇一年，跨過海峽來到帝都，開始另一段旅程，認識很多朋友也遇到不少困難，彎下腰馬步站穩，一切回到原點……。

黑暗過後,黎明乍現,我們在異鄉再一次準備好迎向挑戰……。

付出努力,將換來天際的一抹彩虹,分享積累的經驗,豐富了別人,也燦爛了自己……。

站得越高，看得越遠，一次次超越自己，離開舒適圈，向行業挑戰無極限……。

登高後重返起點，是一個態度、一份責任，更是一份洗盡鉛華後的沈澱，設計是回到原點的一個過程……。

| 整裝待發，起身再行 |

30 年，說長不長，說短不短，但也算是經歷過設計界的數代轉變，從早期的手工製稿到電腦做稿，從平面提案到 3D 打樣，互動溝通與作業模式一直隨著時代在變化，然而設計用以「解決問題」及「創造商業價值」的目的始終不變。

翻開以往的稿件，或許帶有沒見過的新奇感受，也可能夾雜著老古板的陳舊印象。這些走過的歷史，訴說著設計進化史，不論是設計科系學生、品牌商、設計同行，歡迎您一同來品嘗設計的歷史，對於設計價值，也許您自此會有不同的觀感。

歐普三十年了，感謝這塊土地上的一草一木，給我們養分以面對工作所需。感謝三十年來的客戶朋友支持及鼓勵，更感謝這三十年來所有歐普夥伴們的付出，歐普才能走到今天。每一天都是一個挑戰、也是一個機會。淺酌一杯，起身再行，邁向下一個目標。

　　我們在 2017 年 5 月 13 日於北京敬人紙語，舉辦「歐普設計
30 年記實展」，邀請了客戶、朋友及媒體聚一聚，展出歐普設計
公司近 30 年來的作品，並舉辦了小講座，分享我們的歷程與喜悦，
準備迎接歐普第三十年的到來。

▲請座內容分別以「給設計師們」、「給學生們」、「給客戶們」。

｜手工稿件的製作｜

　　在電腦未普及的年代，所有的設計稿都是設計人員一筆一畫精心雕繪而成，因此設計師在構成設計稿之前，必須更細膩完整思考，只要錯了一筆，整個稿件必須作廢重來。現在電腦製稿雖然方便許多，但多了可以在電腦嘗試改來改去的機會，但同樣的，設計師也失去了製稿前對於完整構思的嚴謹訓練。

▲會場展出早期的手工原稿。

｜歐普內部檔案大公開｜

　　歐普不藏私的祕訣大公開，內容有已上市可發表的作品規劃過程、行銷市場觀察、國外相關文章譯文、設計訪談等，每一期除了豐富的內容之外，還有七個與設計、印製、行銷相關的中英文專有名詞解釋，0-80期由歐普獨立發行的刊物，可說是首創設計界先驅。

▼歐普內部檔案共80 每期兩面資訊，全部160 面的訊息大公開。

| 輕奢侈品的儀式型包裝 |

　　大陸大量吹起奢侈品的商機，從我們多年來所設計的禮盒經驗中，體會到禮盒的貴重不止體現在視覺表現上，其開啟的「儀式性」才是禮盒最該展現的重點，透過耗時 10~20 秒的開啟儀式，禮盒的珍貴與價值感於焉呈現，這個禮盒儀式性的創意主張，透過這次的實體展出，正可搭上這波輕奢設計話題。

| 常勝不老的快銷品包裝技巧 |

　　逆轉當年方便麵的設計思維，改以素雅的大片留白加上高彩度色帶，搭配小於四分之一版面的一碗麵，在琳琅滿目的貨架上，今麥郎異軍突起，贏得貨架高度注目。十多年來，這款包裝僅做些微調整，同時其他系列麵品包裝也改采相同策略。當年一筆小小的設計費，為品牌創造了極大的商業價值。

| 時尚民族風美妝品牌 |

　　帶有中國本草個性的品牌，延續了東方女性的柔美與含蓄，同時展現了現在女性的簡潔利落。花開展顏，各自美麗。

| 由一份私家禮體現企業文化 |

　　以掛畫的方式，將每月份慎重地掛於畫架上，其典雅的造型與掛放的儀式感，大幅增加了此套臺曆的價值與珍貴，更彰顯了送禮的企業對於自身文化內涵的要求，以及對於授禮者的重視。

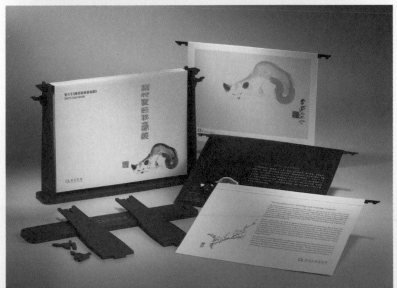

| 兩岸共同的記憶 |

　　郵政 120 週年是兩岸共同的郵政大事記，此套紀念郵票承載了具有歷史意義的郵遞交通工具、郵包、郵筒等相關文物，以復古的手法呈現了現代的新意，不沉重、不老舊，深獲年輕集郵迷的喜愛，並獲得年度最受歡迎的郵票。

| UP 橘袋帆布包 |

　　在展覽當天我們推出一支，有型、有款又輕便的歐普橘色帆布包，可肩揹、斜揹又可手提，男女皆適合，送給與會的來賓做為紀念禮。

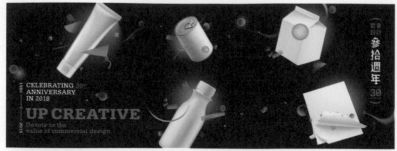

▲三十而立歐普,三十吉利,三個10年,三個吉利。

@1988 歐普設計

三十年前,提到做設計,很多人不知道行業屬性,以為是畫看板做招牌,好一點的說美工,在那個沒什麼人了解何謂設計的年代,歐普成立公司,選愚人節對外宣告我們準備好走一條未知的傻路。一路走來,回頭看已過三十寒暑,不知越過多少山頭,三十年前夕在北京辦了一場歐普三十年預展,設計朋友、客戶及媒體的到來,給了歐普一個掌聲,這一切值得了。

歐普頭一次當家,對於設計行業沒有經驗的頭家來說,唯有前行才能走到目的地,遇到各樣挑戰及誘惑,只憑關關難過關關過的信念,三十年後今天又到了設計大亂逗的年代,歐普依然固執擇一而前行,人要為自己所做的行為負責,歐普的固執是為了我們的客戶負責,歐普認真把您交付的每個專案,努力做到精、做到細。

| @future 設計業的未來—異才結盟 |

我們不是趨勢預言家，沒有能力去談大未來，只能展望歐普自己的未來。繼文創大躍進之後，隨之而來的是創投，未來還是一場買空賣空的併購戰。

設計公司在資本市場上比一根三星蔥還不值錢，如果你不是明星級的大名家，沒有星探關愛的眼神，就務實地回歸到自己的能力吧。

▲海報設計／羅盛皇

一本書的精彩在於它的內容，有真實感人的故事、優美的詞藻、精美圖片加上裝幀版型的功力，最後印製展現於紙本之上，才能在架上成為暢銷書；試問自己能掌握幾個長項？如果自己無法照單全收，唯有在體制內，把這些人才備齊，方能應戰。

由小放大來看，在新興的創投遊戲中，你公司是不是遊戲中不可缺的一顆棋子？如同海報中的這白紙本，誰都可以成為其中的一張精彩插頁，成為異才結盟中的一分子。

| @Prospect 設計人的未來—打磨基礎 |

▲海報設計／羅盛皇

一位商業設計人要達到專業級，老生常談打好基本功是首要，在這個不懂我的明白的快速成師的世代，誰能耐住寂寞去蹲馬步，每天只想坐在馬桶上拉出一些點子，提案時一身賭神打扮，油頭墨鏡緊身黑，有事沒事領口再別上一粒紅點，現在已成為設計人形而上的行頭，一付有事要發生的樣子。

風光是一時的，再亮的舞臺也要熄燈，洗去鉛華面對自己，早知把基本工好好地紮穩，表裡如一踏實做事。就如海報中的這支軟管，扁扁平平沒有任何個性，誰都可以在上面塗抹裝扮成高檔貨，要成就這支軟管，先不談設計，來談談它是用什麼版式油墨後加工成型的？最大最新的加工極限？這些都能落地的硬工夫，打好這些職技的基本工已不夠，別為了一支軟管的工藝不懂被打臉，以後日子還長，快去洗洗臉重新再來。

| @Preparation 設計生的準備—適才而定 |

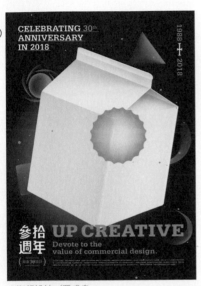

▲海報設計／羅盛皇

多元入學任何科系無一幸免，視傳流行數媒廣設美工圖文大傳演攝系，身處在傳統的設計行業中，也受到多元入學餘震久久不知自己是誰，老手都會暈船，何況是新一代的新生，他們不暈才怪。

再怎麼錯都是大人的錯，我們沒給他們方向，那再說說誰給大人方向？大人只好搖頭含怨吞下。好似海報的這包新鮮屋包材，它只是一個載體，可以充填任何東西，封裝後沒人知道裡面是什麼，打開的人只能憑運氣。

酸甜苦辣只能暗自吞下，小白鼠的設計學生或是公司求才，都是依賴運氣在選沒有標示的商品，如在學能早早就讓小白知道自己的性向專長，好好打磨準備充裝到更適合更有價值的容器中，貼上一張專業背書的標籤，廠家也能更清楚自己所選的是什麼，歐普實習生聯盟早在二十年前就持續在幫這些小白們，打造一個合適的外包裝。

| @Innovation 設計智財權—聰明的設計 |

▲海報設計／羅盛皇

現在設計間最時尚的話題就是 Intellectual Property，不管你懂不懂 IP 是何物，它已不知不覺佔據了設計人半個腦袋，剩下的半個腦袋是如何用它去掙錢。

如正在做 IP 春秋大夢的人，容許自己再騰出一些腦子去了解一下著作權的務實問題，設計一直都在解決問題，而 IP 就是要不斷的去創造話題，我們每天到處吸收觀看新創的話題，去模仿、去追隨，久了就像被圈養的雞，本來放養土雞能飛能跳，圈養後不會飛，張眼就喙食的慣性，這不是設計人生。

宛如海報中的 Can 原本是要用開罐器才能把鐵蓋打開，後來設計在原有的基礎上加上一個拉環，易拉罐（Easy open）從此誕生，大大提升了消費者的使用便利性，這個設計智財權的擁有者才是聰明的設計師。

| @Marketplace 設計看市場—放眼行業外 |

▲海報設計／羅盛皇

內行看門道外行看熱鬧，我很認同這句話，打開冰櫃門瓶瓶罐罐方方圓圓，如美麗的風景，瓶先生、罐小姐個個都精心打造一番。

設計人常在看市場，到底看到什麼，有就有，沒有就沒有，唯有自己能騙自己。好比海報中的這罐塑料瓶，怎麼塑？什麼料？料想你也有看沒有懂。

瓶瓶罐罐在陳列上都有其盲點，圓罐造型多元有趣，但難定位，有時前面有時側面，往往是設計的痛，這也意味著我們所見的市場都只看到冰山一角，另外大半冰山就要用經驗去挖掘。

任何市場評論名嘴都是用自己的觀察經驗，就如 Mac 的成功永遠學不來，再說設計是一個綜合科學，不能老是自己在行業內自嗨，不知井外天地有多大。

AR 使用說明

本書中有標示 ⟨AR⟩ 之圖示，表示該圖片有 AR 效果設定，請
拿起智慧型手機或平板電腦進行掃描，即可觀看影片或小動畫。使
用方法請參考以下步驟：

1. 在App 商店搜尋下載並安
裝「HP Reveal」。

2. 開啟「HP Reveal」，並申
請帳號。

3. 搜尋「UPCREATIVE」後，
即點選進入。

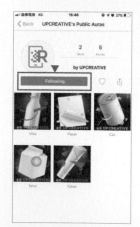

4. 進入UPCREATIVE 後，請
點選「Follow」進行追蹤。

5. 回到主畫面，點選藍色圓
圈掃描按鈕。

6. 掃描書本⟨AR⟩圖示範圍內
的圖片，即可呈現AR 效果。

謝謝您！

沒有您的支持鼓勵！

歐普不會走到今天！

王炳南
(Ben Wang)

動態時報	關於	相片 318	朋友 4,974	更多 ▼

👤 關於

學歷與工作經歷

歐普設計 UPcreative 用心追求商業設計的價值
創意管理．1988年4月至今

創意田
Creative Director．2012年3月至今

國立臺灣師範大學 National Taiwan Normal University
畢業於2013年．碩士．藝術指導組

景文技術學院
畢業於2004年．視覺傳達設計

協和工商美工科
畢業於1980年．美工科

基本資料

生日	1962年
性別	男性
血型	AB型

聯絡資料

其他電話	02-27651181　工作
地址	Taipei　Shanghai
歐普粉絲	www.facebook.com/UPCDco
電郵地址	ben@upcreate.com.tw
Facebook	www.facebook.com/taiwanUPUP

👥 粉絲頁

王炳南的包裝檔案

包裝世界無奇不有，一起來記錄點滴，
話說包裝設計故事。

www.facebook.com/BEN.upman

王炳南（Ben Wang）

設計是行動而不是幻想。埋怨懷才不遇與痴
痴傻等機會，不僅耗費能量，也容易失去對
設計的信心與熱情，倒不如起身積極做點
事，用自己的力量與能力為自己舖一條想走
的路，去拓展自己的美麗天空，延續對設計
的自信與熱情。

https://www.facebook.com/taiwanUPUP

 讚

經歷

國華廣告設計、華梵大學、朝陽科大、崑山技大、明志科大、東華大學、輔仁大學、亞洲大學、中原大學兼任助理教授、臺師大業界導師、臺灣藝術大學、高應大文創學程講師、景文科大傑出校友、雲科大藝術中心駐校藝術家、英國Std協會會員、中華郵政公司郵票專案規劃、「臺灣設計壹百年、臺灣設計壹百人」執編委員、工研院「台灣綠色貿易網」諮詢專家、Friend of ICOGRADA、中華平面設計協會創會榮譽理事長及台灣海報設計協會輔導理事長、國內外各項設計競賽近百件獎項、「設技學堂」計劃主持人、上海市包裝技術協會設計委員會高級顧問、上海視覺藝術學院兼職教授、北京漢儀科印信息技術有限公司顧問、陝西科技大學設計與藝術學院客座教授、鄭州升達經貿管理學院客座教授、台灣科技大學視覺傳達系兼任講師、大專校院教學品保服務 評鑑委員

著作

1994 商業包裝設計 (藝風堂出版社)
1995 第三屆亞洲包裝交流展專輯 (台灣包裝設計聯誼會)
1998 商品包裝教戰手冊 (世界文物出版社)
2000 Utmost Programme內部檔案月刊(歐普設計獨立發行)
2005 現代平面設計與制作實用手冊合著(黑龍江科學技術出版社)
2011 高等學校藝術設計類教材-包裝結構設計 (上海交通大學出版社)
2014 「設計不用管 我們講道理 -- 設計管理隨行手札」(全華出版社)
2015 「設計不用管 我們講道理 -- 設計管理隨行手札」APP數位版 (全華出版社)
2015 「Pd包裝設計 -- 華文包裝設計手冊」繁體版 (全華出版社)
2016 「Pd包裝設計 -- 華文包裝設計手冊」簡體版 (北京全華出版社)
2017 「設計中的邏輯」-- 聯合著作 簡體版 (北京站酷出版)

社團

創意田 粉絲團

創意田 UPharvest 旨在創造美好、有趣、創意、優質商品。期待能讓您享受生活的美好與樂趣。

www.facebook.com/UPharvest

歐普官網

設計是服務於眾人之事的永續事業。創於1988年的歐普設計，一直執著於商業設計的領域，矢志給予客戶最專業的建議，創造最獨特的設計，屢獲國內外多項大獎。歐普深知商業設計必須回歸商業的本質，在以行銷為概念的企劃下，以專業的視覺涵養，創造最有效且獨特的概念，達到最有力的視覺效果，讓客戶獲得最大的利益。

www.upcreate.com.tw

設計不用管我們講道理：設計管理隨行手札 / 王炳南著. -- 三版. --
新北市：全華圖書, 2019.2

　面；　公分

　ISBN 978-986-463-968-7 (精裝)

　1.設計管理 2.商業美術

494　　　　　　　　　　　　　　　107017928

設計不用管我們講道理：
設計管理隨行手札

作　　者　王炳南
發 行 人　陳本源
執行編輯　楊雯卉
出 版 者　全華圖書股份有限公司
郵政帳號　0100836-1號
印 刷 者　宏懋打字印刷股份有限公司
圖書編號　0816302
定　　價　600 元
三版一刷　2019 年 2 月
I.S.B.N　978-986-463-968-7
全華圖書　www.chwa.com.tw
全華網路書店 Open Tech　www.opentech.com.tw
若您對書籍內容、排版印刷有任何問題，歡迎來信指導 book@chwa.com.tw

臺北總公司（北區營業處）
地址：23671 新北市土城區忠義路21號
電話：(02)2262-5666
傳真：(02)6637-3696、6637-3696

中區營業處
地址：40256 臺中市南區樹義一巷26號
電話：(04)2261-8485
傳真：(04)3600-9806

南區營業處
地址：80769 高雄市三民區應安街12號
電話：(07)381-1377
傳真：(07)862-5562

讀者回函卡

填寫日期： ／ ／

姓名：　　　　　　　　生日：西元　　　年　　　月　　　日　性別：□男 □女

電話：（ 　　）　　　　　傳真：（ 　　）　　　　　手機：

e-mail：（必填）

註：數字零，請用 ⊘ 表示，數字1與英文L請另註明並書寫端正，謝謝。

通訊處：□□□□□

學歷：□博士 □碩士 □大學 □專科 □高中・職

職業：□工程師 □教師 □學生 □軍・公 □其他

學校/公司：　　　　　　　　　　科系/部門：

・需求書類：

□A.電子 □B.電機 □C.計算機工程 □D.資訊 □E.機械 □F.汽車 □I.工管 □J.土木

□K.化工 □L.設計 □M.商管 □N.日文 □O.美容 □P.休閒 □Q.餐飲 □B.其他

・本次購買圖書為：　　　　　　　　　　書號：

・您對本書的評價：

封面設計：□非常滿意 □滿意 □尚可 □需改善，請說明

內容表達：□非常滿意 □滿意 □尚可 □需改善，請說明

版面編排：□非常滿意 □滿意 □尚可 □需改善，請說明

印刷品質：□非常滿意 □滿意 □尚可 □需改善，請說明

書籍定價：□非常滿意 □滿意 □尚可 □需改善，請說明

整體評價：請說明

・您在何處購買本書？

□書局 □網路書店 □書展 □團購 □其他

・您購買本書的原因？（可複選）

□個人需要 □幫公司採購 □親友推薦 □老師指定之課本 □其他

・您希望全華以何種方式提供出版訊息及特惠活動？

□電子報 □DM □廣告（媒體名稱）

・您是否上過全華網路書店？（www.opentech.com.tw）

□是 □否　您的建議

・您希望全華出版那方面書籍？

・您希望全華加強那些服務？

~感謝您提供寶貴意見，全華將秉持服務的熱忱，出版更多好書，以饗讀者。

全華網路書店 http://www.opentech.com.tw　客服信箱 service@chwa.com.tw

2011.03 修訂

親愛的讀者：

感謝您對全華圖書的支持與愛護，雖然我們很慎重的處理每一本書，但恐仍有疏漏之處，若您發現本書有任何錯誤，請填寫於勘誤表內寄回，我們將於再版時修正，您的批評與指教是我們進步的原動力，謝謝！

全華圖書　敬上

勘 誤 表

書號				
頁 數	行 數	書 名		作 者
		錯誤或不當之詞句		建議修改之詞句

我有話要說：（其它之批評與建議，如封面、編排、內容、印刷品質等...）